Ihre Arbeitshilfen zum Download:

Die folgenden Arbeitshilfen stehen für Sie zum Download bereit:

- Checklisten
- Planungs- und Kalkulationstabellen

Den Link sowie Ihren Zugangscode finden Sie am Buchende.

Schnelleinstieg Controlling

Professor Dr. Ursula Binder

Schnelleinstieg Controlling

Verständlich und praxisnah auf den Punkt gebracht

6. Auflage

Haufe Gruppe
Freiburg · München · Stuttgart

Bibliografische Information der Deutschen Nationalbibliothek

Die Deutsche Nationalbibliothek verzeichnet diese Publikation in der Deutschen Nationalbibliografie; detaillierte bibliografische Daten sind im Internet über http://dnb.dnb.de abrufbar.

Print: ISBN 978-3-648-10330-2   Bestell-Nr. 01405-0006
ePub: ISBN 978-3-648-10332-6   Bestell-Nr. 01405-0101
ePDF: ISBN 978-3-648-10333-3   Bestell-Nr. 01405-0151

Professor Dr. Ursula Binder
Schnelleinstieg Controlling
6. Auflage 2017

© 2017 Haufe-Lexware GmbH & Co. KG, Freiburg
www.haufe.de
info@haufe.de
Produktmanagement: Dipl.-Kfm. Kathrin Menzel-Salpietro

Lektorat: Hans-Jörg Knabel, Willstätt
Satz: kühn & weyh Software GmbH, Satz und Medien, Freiburg
Umschlag: RED GmbH, Krailling
Druck: Schätzl Druck & Medien GmbH & Co. KG, Donauwörth

Inhaltsverzeichnis

Vorwort

Zwei Jahre lang ruhte ein kolossaler Marmorblock im Innenhof der Kirche von Santa Maria del Fiore in Florenz. Simone, ein erfahrener Bildhauer und Zeitgenosse Michelangelos, hatte begonnen, ihn zu behauen, und dann entnervt aufgegeben. Nicht, weil das Material zu hart oder die Proportionen ungünstig waren. Der einzige Grund bestand darin, dass er die Vorstellung des im Stein »schlafenden« Davids verloren hatte.

Michelangelo, gerade 30 Jahre alt, unbefangen und ehrgeizig, sah den Stein und fertigte aus Wachs ein Modell eines Davids an, das die Maße des Steins und seine schon behauene Form berücksichtigte. Mit Holzbrettern baute er einen Verschlag gegen allzu neugierige Blicke und arbeitete drei Jahre lang besessen an der Verwirklichung. 1504 stand auf der Piazza della Signoria die vollendete Skulptur, weiß, mächtig und vollkommen, heute immerhin Anziehungspunkt für mehr als zwei Millionen Besucher jährlich.

Der Unterschied in der Herangehensweise beider Bildhauer war nur gering, aber entscheidend: Michelangelo hatte eine exakte Vorstellung!

Ich bin entschieden dagegen, ausschließlich Künstlern Kreativität zuzusprechen, es würde die Übrigen unerlaubt entlasten. Das Beispiel Michelangelos könnte aber, sorgfältig analysiert, Bedingungen klären, die für die verallgemeinerte Situation eines Prozesses von der Vision zur Wirklichkeit notwendig sind.

Michelangelo könnte eines Tages blinzelnd vor dem Marmorblock im Innenhof der Kirche in der Sonne gestanden haben, als ihm die Idee kam. Diesen Augenblick, den die Künstler gerne im Nebel des Musenkusses belassen, um profanere Erklärungen zu vermeiden, lohnt es sich, mit Muße anzuschauen. Dieser Augenblick hat den Reichtum der Langeweile und die Geschwindigkeit des Schlenderns.

Michelangelo ließ zu, dass ihn seine Gedanken ein Stück weit trugen, danach war er Sklave seiner Idee, Erfüllungsgehilfe seiner Fantasie. Dafür stellte er ein Messgerät her: das Modell, und fand einen Weg, Vision und Marmorblock anzugleichen.

Diesen Weg beschreibt das Buch von Ursula Binder, vom Plan zur Wirklichkeit, von der verwegenen Idee zum gelungenen Unternehmen. Dabei gelingt es ihr, die Muse zu überzeugen, nicht nach dem ersten Kuss zu verschwinden, sondern den Prozess der Verwirklichung als Ganzes wohlwollend zu begleiten.

Ich wünschte mir, ich hätte das Buch schon viel früher gelesen.

Köln, im Februar 2003 Sebastian Probst, Bildhauer

Leserstimmen zur 1. und 2. Auflage

Mithilfe dieses Buches konnten wir das bestehende Controlling so weiterentwickeln, dass wir jetzt ein komplettes Planungs-, Abrechnungs- und Analysesystem haben, das uns aufschlussreiche Informationen über den Erfolg und die Liquidität unseres Geschäfts liefert.
Ghyslain Tröscher, Controlling Miro Entertainment GmbH (Künstler-/Veranstaltungsagentur), Köln

Gerade erst selbstständig und alle Risiken im Griff? Das geht nicht! Dieses Buch hat mir aber sehr geholfen, die Probleme zu bewältigen. Vielen Dank, Frau Dr. Binder!
Michaela Steinmann, Inhaberin Atempause – Frauen Fitness, Köln

Unsere Nachwuchskräfte, die in einem 4-moduligen Managementprogramm ihr unternehmerisches Know-how aufbauen, erhalten das Buch von Frau Dr. Binder als wichtige Basislektüre zum tieferen Verständnis relevanter Controllingaspekte.
Dipl.-Päd. Bernd Dieschburg, Personalmanagement Heraeus Holding GmbH, Hanau

Schon während der Einführung der Controllinginstrumente nach dem Buch von Frau Binder konnten erste Vorschläge erfolgreich umgesetzt werden.
Dipl.-Kffr. Gabi Ansorge, Vorstandsvorsitzende der Stiftung PHÄNOMENTA, Lüdenscheid

Welch rascher Einblick und welch gelungene Vermittlung der wichtigsten Instrumente des operativen Controllings! Nichts für Theoretiker, aber für alle, die (endlich) den Durchblick im Controlling haben wollen – also auch für viele Studenten der BWL. Besonders empfehlen möchte

ich das Buch von Frau Binder den Machern in kleinen und mittleren Unternehmen, die auf Basel II schimpfen und für das Rating Controlling-Instrumente einführen »müssen« (und noch gar nicht wissen, welche positiven Auswirkungen dies für ihr Unternehmen haben wird).
Prof. Bienert, Ennepetal

Das Buch »Schnelleinstieg Controlling« von Frau Prof. Dr. Ursula Binder bietet für Neulinge auf dem Gebiet des Controllings einen idealen Einstieg ...
Dipl.-Kfm. Christof Müller, Bielefeld

Das Buch ist der perfekte Einstieg für alle Controlling-Anfänger, die sich mit der Materie ganzheitlich und schnell vertraut machen wollen. Aber auch der erfahrene Controller wird an vielen Stellen des Buches merken, dass Frau Dr. Binder (bisher scheinbar) schwierige und komplexe Zusammenhänge auf sehr anschauliche und ansprechende Weise »rüberbringt«. Das Buch gleitet zu keinem Zeitpunkt – trotz seines »Übersichts- und Einstiegscharakters« – in die Oberflächlichkeit ab. Ebenfalls erwähnenswert sind sowohl die sehr gut verständlichen Praxis-Beispiele im Buch als auch die auf der CD-ROM zur Verfügung gestellten Hilfsmittel für den Controller-Alltag. Sehr gut!
Dipl.-Ing. Dipl.-Wirtsch.-Ing. Ralf Ensmann, Köln

1   Einleitung

Dieses Buch soll den oft sperrigen Zugang zum Thema Controlling für Sie erleichtern. Es ist ein praxisbezogenes Buch, das auf den vielfältigen Erfahrungen der Verfasserin als Controllerin, kaufmännische Leiterin und Beraterin beruht. Sturmerprobte Beispiele aus ihrer Lebenswelt vereinfachen den Zugang zu diesem facettenreichen Thema. Theoretische Modelle stehen eher im Hintergrund.

1.1 Controlling ist lernbar

Controlling ist keine hohe Kunst, es ist lernbar. Es bedeutet hauptsächlich, Daten für die Steuerung des Unternehmens zu erfassen und aufzubereiten. Schon ein Haushaltsbuch im privaten Bereich ist eine einfache Form des Controllings. Controlling sorgt für Transparenz und Transparenz macht Spaß. »Man weiß, wie man dran ist.«

Entgegen der gängigen Einschätzung hat Controlling sehr viel mit »gesundem Menschenverstand« und Logik zu tun und nichts mit hoher Mathematik. Sie benötigen nicht viel mehr dazu als die Grundrechenarten. Dabei verfolgt das Buch durchaus einen ehrgeizigen Anspruch und wendet sich an jeden, der:

- endlich verstehen möchte, was es mit Controlling auf sich hat,
- eine Anleitung zum Aufbau eines kompletten Controllings in einem Unternehmen benötigt,
- bestehende Controlling-Instrumente erweitern, überprüfen und verfeinern möchte.

Insofern sind besonders auch Führungskräfte und Controller in der Wirtschaft angesprochen. Kleine und mittelständische Unternehmen vernachlässigen es gerne, geeignete Controlling-Instrumente zu entwickeln, weil sie angeblich zu zeitaufwendig sind. Sie können sehr von diesem Buch profitieren. Existenzgründern wird der »Schnelleinstieg Controlling« von großem Nutzen sein. Auch für Studenten, die sich praktisches Basiswissen aneignen wollen, ist das Buch als Einstieg äußerst hilfreich. Wenn Sie Inhaber oder Geschäftsführer eines kleinen Unternehmens (bis zu 50 Mitarbeiter und 10 Mio. Euro Umsatz pro Jahr) sind, kann ich Ihnen zusätzlich mein neues Buch: »Die 5 wichtigsten Steuerungsinstrumente für kleine Unternehmen« empfehlen.[1] Außerdem lade ich Sie herzlich ein, sich bei mir zu melden, wenn Sie Interesse an einer (für Sie kostenlosen) Aufgabenlösung aus dem Bereich Controlling im Rahmen einer von mir betreuten Bachelor- oder Masterarbeit an der TH Köln haben (ursula.binder@th-koeln.de). Der Aufbau des Buchs ermöglicht es, ohne allzu große Verständniseinbußen über jedes Kapitel ein-

---

1 Ursula Binder: Die 5 wichtigsten Steuerungsinstrumente für kleine Unternehmen, Freiburg 2017.

zusteigen. Sie brauchen es nicht von Anfang bis Ende zu lesen. Suchen Sie sich das Kapitel aus, das Sie am meisten interessiert. Im Internet stehen auf den Arbeitshilfen online alle notwendigen Tabellen im Excel-Format zum Abruf bereit.

ARBEITS-
HILFE
ONLINE

Da heute Service überall großgeschrieben wird, ist der in der einschlägigen Literatur oft vernachlässigte Dienstleistungsbereich besonders berücksichtigt worden. Selbstverständlich werden aber alle Branchen und Betriebsgrößen einbezogen.

Controlling ist in aller Munde. Bestimmt kann es Spaß machen, sich die Inhalte zu erarbeiten. Dazu sollen auch die zur Auflockerung eingefügten Karikaturen beitragen. Die Verfasserin wünscht den Leserinnen und Lesern einen guten Zugang zu diesem vielseitigen Wissensgebiet und viel Erfolg bei der Umsetzung!

1.2 Unternehmen steuern

Controlling hat in den letzten Jahren eine immer größere Bedeutung erlangt. Viele, auch kleinere Unternehmen haben erkannt, dass die meisten Controlling-Aufgaben für ein Unternehmen, das dem ständigen Wettbewerb ausgesetzt ist, unverzichtbar sind. Auch Basel I-II-III und die Ratings der Banken fordern ihren Tribut. Die Zahl der Stellenanzeigen für Controller ist dementsprechend hoch.

Dennoch gibt es häufig Missverständnisse über die Inhalte des Controllings, nicht zuletzt, weil es keine gesetzlichen oder anderweitig festgesetzten Regeln für das Controlling gibt. Es haben sich zwar Methoden und Einstellungen etabliert, aber letztlich ist jedes Unternehmen in der Ausgestaltung seines Controllings frei. Es handelt sich eben um ein internes betriebswirtschaftliches Instrumentarium, das nicht wie das externe Rechnungswesen (Bilanz, Gewinn- und Verlustrechnung) klar und eindeutig gesetzlich geregelt ist.

Aufgrund seiner Bezeichnung wird Controlling im deutschsprachigen Raum häufig als Kontrolle missverstanden. Das Missverständnis wird noch durch Controller verstärkt, die ihre Tätigkeit stark auf diesen einen Aspekt des Controllings fokussieren. Die anderen Aufgaben: Planung (Zielfindung), Information (Transparenzschaffung), Koordination, Innovation, Systementwicklung und -pflege geraten schnell in den Hintergrund. Dass »to control« ins Deutsche übersetzt nicht »kontrollieren«, sondern eher »steuern« heißt, wird häufig übersehen. Dabei trifft die Bedeutung »steuern« genau den Kern des Controllings: Controlling ist ein Navigationsinstrument, der Controller der Navigator des Unternehmens.

Obwohl der Begriff des Controllings ursprünglich aus dem angloamerikanischen Raum übernommen wurde, ist er dort heute nicht mehr üblich. Vielmehr wird dort von »Management Accounting« gesprochen, das als ergänzender Gegenpol zum »Financial Accounting« gesehen wird. Auch bei uns werden diese beiden Gegenpole noch klar unterschieden als internes Rechnungswesen (Kostenrechnung und Controlling) und externes Rechnungswesen (Finanzbuchhaltung). Durch die wachsende Ausrichtung an internationalen Rechnungslegungsstandards (IFRS) rücken sie aber in letzter Zeit näher zusammen – um genau zu sein, kommt das externe dem internen Rechnungswesen näher.

Die Ursprünge des heutigen Controllings in Unternehmen sind gerade einmal 100 Jahre alt, auch wenn der Begriff des »Comptrollers« im angelsächsischen Raum schon seit dem 16. Jahrhundert bekannt ist und manche Autoren davon sprechen, dass die Ägypter, die den Materialeinsatz beim Bau der Pyramiden überwacht haben, die ersten Controller gewesen seien.

Das operative Controlling, um das es in diesem Buch geht, greift auf Daten des externen Rechnungswesens und aller Abteilungen des Unternehmens zurück und verarbeitet sie zu einem umfassenden Steuerungsinstrumentarium. Es stellt damit eine innerbetriebliche »Servicestation« dar, die Informationen als Entscheidungsgrundlage für die Geschäftsführung und andere Mitarbeiter des Unternehmens beschafft und aufbereitet, Empfehlungen formuliert und zwischen Abteilungen und Hierarchieebenen koordiniert und moderiert. Der Controller muss alle diese Aufgaben kompetent erfüllen können. Aus diesem Grund sind die Anforderungen an ihn sehr hoch.

1.3 So nutzen Sie dieses Buch

Am Anfang jedes Kapitels steht ein Alltagsbeispiel, damit Sie schnell und leichtfüßig in das Thema einsteigen. Nach der Zusammenfassung am Ende des Abschnitts folgt eine Checkliste, in der die wichtigsten Teilschritte, die zu durchlaufen sind, um die jeweilige Controlling-Methode in die Praxis umzusetzen, noch einmal kurz und prägnant aufgelistet sind. Die Vermerke »Checkpoint« helfen Ihnen, die zu den einzelnen Checklistenpunkten gehörenden Erläuterungen innerhalb der jeweiligen Kapitel schnell zu finden. Die Nummern dieser Zwischenüberschriften korrespondieren mit den Nummern der Checklistenpunkte.

Im Internet stehen für Sie – auf den Arbeitshilfen online – die im Text aufgeführten Tabellen im Excel-Format zur Verfügung. Sie finden die gesuchte Tabelle in der Excel-Datei des jeweiligen Kapitels unter dem Namen, der in der Marginalie vermerkt ist.

ARBEITS-HILFE ONLINE

Die Zahlenwerte in den Excel-Dateien weichen teilweise geringfügig von den Zahlen in den Texttabellen ab. Das ist beabsichtigt: Die Zahlen in den Texttabellen sind mit dem Taschenrechner nachrechenbar. Daher sind einige Werte gerundet worden. In den Excel-Tabellen wurden keine Rundungen vorgenommen, da die Tabellenfelder mit Rechenformeln ausgefüllt sind. Damit können Sie jederzeit den Rechenweg nachvollziehen, falls Ihnen die Erläuterung im Text einmal nicht genügen sollte. Außerdem können Sie so jede Excel-Tabelle sofort nach wenigen Anpassungen individuell für Ihre Zwecke benutzen. Auf den Arbeitshilfen online – »Berichtswesen« sind alle Tabellen, die Sie für Ihr eigenes Controlling nutzen können, noch einmal gesammelt abrufbar.

ARBEITS-HILFE ONLINE

In dem Buch wird häufig von Mitarbeitern, Controllern usw. gesprochen. Dabei wurde meistens darauf verzichtet, die weibliche Person zusätzlich zu erwähnen. Mir ist bewusst, dass ich damit riskiere, potenzielle Leser**innen** dieses Buchs abzuschrecken oder zu verärgern. Da ich selbst beim Lesen aber immer über Doppelendungen oder die »Groß-I-Darstellung« (LeserInnen) stolpere, bin ich dieses Risiko zugunsten der flüssigen Leseweise eingegangen. Ich hoffe, die Leserinnen werden mir das nachsehen.

Aus dem gleichen Grund habe ich auf Literaturhinweise im laufenden Text verzichtet. Am Ende des Buchs finden Sie ein kurzes Literaturverzeichnis, in dem Werke aufgeführt sind, mit denen Sie die Inhalte des Buchs vertiefen können. Das Buch ist – soweit irgend möglich – bewusst »unwissenschaftlich« gehalten. Das heißt, es wurde hier und da auch die wissenschaftliche Vollständigkeit der pragmatischen Anwendung und der Verständlichkeit geopfert. Wer tiefergehende Kenntnisse erlangen will, sollte sich zusätzlich mit weiterführender Literatur versorgen.

2 Der Unternehmenserfolg

2.1 Das Herzstück des Controllings: die kurzfristige Erfolgsrechnung

Vincent van Gogh konnte zu Lebzeiten fast keines seiner Werke verkaufen. Da er »Tag und Nacht« malte, hatte er aber auch keine Zeit, seinen Lebensunterhalt anderweitig zu verdienen. Sein Bruder Theo glaubte an das Genie seines Bruders und hatte ihn jahrelang von seinem eigenen Einkommen unterstützt. Eine Zeitlang hatte er Vincent monatlich 150 Francs zukommen lassen. Dieses Geld sollte sich Vincent einteilen, um damit einen Monat lang auszukommen. Meistens hatte er aber schon mehrere Tage vor Ende des Monats die 150 Francs für Malmaterial ausgegeben und musste die letzten Tage von Schwarzbrot und Kaffee leben.

Nachdem die beiden Brüder das einige Monate praktiziert hatten, vereinbarten sie eine neue Lösung, nämlich dass Theo an Vincent alle zehn Tage 50 Francs schickt. Auch diese Lösung half nichts, da Vincent, während er auf die nächsten 50 Francs wartete, auf Kredit lebte und diesen, sobald das Geld eintraf, erst wieder zurückzahlen musste, bevor er neues Material und Essen kaufen konnte. Am Ende reichte das Geld nie.

Vielleicht wünschen Sie sich manchmal, auch ein bisschen so zu leben wie Vincent van Gogh. Wenn es um die Führung eines Unternehmens geht, sind Sie aber nicht nur für sich selbst, sondern möglicherweise auch für einige Angestellte und für den Erfolg des Unternehmens mit verantwortlich und können nicht einfach »in den Tag hinein leben«. Offensichtlich hat Vincent van Gogh nie nachgerechnet, wie viel er bereits von dem zur Verfügung stehenden Geld ausgegeben hatte und wie viel noch für den Rest des Monats übrig war, sondern er hat immer das gekauft, was er zum Malen gerade brauchte, ohne darauf zu achten, dass es zum Essen nicht mehr reichen würde.

Check-point 1 Für die Unternehmensführung ist es notwendig, ständig die Übersicht zu haben, welche finanziellen Mittel für einen Zeitraum zur Verfügung stehen, wie viel davon bereits verbraucht wurde und wie viel noch für den Rest des Zeitraums benötigt wird. Außerdem wollen Sie vermutlich auch wissen, wie groß der Erfolg in diesem Zeitraum war, d.h. was von den erwirtschafteten Mitteln nach Abzug aller Kosten als Ergebnis übrig bleibt. Dazu genügt es nicht, sich einmal im Jahr einen Überblick zu verschaffen, da es dann bereits zu spät für Gegenmaßnahmen ist. Deshalb ist es wichtig, sich monatlich oder zumindest jedes Quartal zu informieren.

Wie ermitteln Sie den Erfolg Ihres Unternehmens? Sind Sie der Meinung, dass der Gewinn, den Ihr Steuerberater oder Ihre eigene Buchhaltung Ihnen jedes Jahr aus der Gewinn- und Verlustrechnung im Jahresabschluss (oder aus der Einnahmen-/ Überschussrechnung) ermittelt, Ihren Unternehmenserfolg widerspiegelt? Können Sie mit dieser Gewinn- und Verlustrechnung Ihr Unternehmen steuern?

Die Gewinn- und Verlustrechnung reicht **nicht** aus, um ein Unternehmen zu steuern. Die drei folgenden Gründe sind dafür verantwortlich:
1. Die Gewinn- und Verlustrechnung wird nur einmal im Jahr aufgestellt. Wenn Sie erst mitten im Folgejahr oder noch später wissen, wie das vergangene Jahr gelaufen ist, ist es schon fast zu spät, um im laufenden Jahr noch »den Hebel umzulegen«. Für das letzte Jahr können Sie schon

gar nichts mehr tun. Sie benötigen zusätzlich zu der jährlichen Gewinn- und Verlustrechnung noch eine Monats- oder zumindest eine Quartals-Erfolgsrechnung.

2. Die Gewinn- und Verlustrechnung zeigt Ihnen nicht die verfügbaren flüssigen Mittel Ihres Unternehmens. Dazu benötigen Sie zusätzlich eine Liquiditätsrechnung (s. Kapitel 9).

3. Die Gewinn- und Verlustrechnung gehört zum externen Rechnungswesen. Sie ist für externe Interessenten gedacht (u. a. auch für Betriebsprüfer) und unterliegt in ihrer Gestaltung gesetzlichen Vorschriften. Da diese Vorschriften u. a. steuerrechtlich motiviert sind, sind sie inhaltlich oft nicht geeignet, ein realitätsgetreues Abbild des Unternehmens abzugeben und bilden damit keine gute Basis zur Steuerung des Unternehmens. Die fortschreitende Angleichung des deutschen externen Rechnungswesens an die internationalen Rechnungslegungsstandards (IFRS) trägt dieser Tatsache Rechnung, da mit ihr eine Annäherung des externen an das interne Rechnungswesen erfolgt.

Aus den gleichen Gründen geben sich auch Investoren bei geplanten Firmenkäufen selten mit den Geschäftsberichten (Gewinn- und Verlustrechnung, Bilanz und Lagebericht) zufrieden, sondern schauen zusätzlich in die **interne** Erfolgsrechnung, um die »wahren« Zahlen für ihre Entscheidung zu erhalten (Stichwort Due Diligence).

Die Erfolgsrechnung verfolgt den einzigen Zweck, Sie und vielleicht interessierte Dritte über den tatsächlichen Status Ihres Unternehmens wahrheitsgemäß zu unterrichten. Bedeutet das, dass die Gewinn- und Verlustrechnung nicht das wahrheitsgemäße Bild des Unternehmens wiedergibt? Natürlich entspricht die Darstellung allen gesetzlichen Vorgaben und ist damit korrekt. Aber sie ist nicht darauf ausgerichtet, ein Navigationsinstrument zu sein, und enthält daher teilweise Informationen, die den wahren wirtschaftlichen Zustand eines Unternehmens verschleiern können.

Dazu ein kurzes Beispiel:

! **Beispiel zur Erfolgsrechnung:**

Wenn in Ihrem Unternehmen Mitarbeiter entlassen wurden, die Abfindungen erhalten haben, dann reduzieren diese Abfindungszahlungen den ausgewiesenen Gewinn in der (externen) Gewinn- und Verlustrechnung. Das ist auch richtig so, da das Unternehmen durch diese Zahlungen tatsächlich belastet wurde. Der niedrigere Gewinn sagt aber nichts darüber aus, wie erfolgreich das Unternehmen in diesem Jahr gearbeitet hat. Daher lässt man solche außerordentlichen Aufwendungen aus dem internen Rechenwerk weg. Wenn Sie Ihre Unternehmenssteuerung (nur) an der Gewinn- und Verlustrechnung ausrichten, kann das zu schwerwiegenden Fehlentscheidungen führen.

2.2 Worin unterscheiden sich GuV und interne Erfolgsrechnung?

In der GuV werden Erträge und Aufwendungen gegenübergestellt. Das Ergebnis ist der Jahresüberschuss oder -fehlbetrag. In der internen Erfolgsrechnung werden Leistungen und Kosten gegenübergestellt. Das Ergebnis ist das Betriebsergebnis oder der Betriebserfolg.

Leistungen – Kosten = Betriebserfolg

Es gibt drei wesentliche Kategorien von Positionen, bei denen sich die Darstellung der Unternehmenssituation in der GuV gegenüber der Darstellung in der internen Erfolgsrechnung unterscheidet:
- Neutrale Aufwendungen und Erträge,
- Zusatzkosten und Zusatzleistungen,
- Anderskosten und Andersleistungen.

Dagegen sind die sogenannten Grundkosten und Grundleistungen in beiden Rechenwerken identisch.
- Anderskosten sind Aufwendungen, die in der Höhe neu kalkuliert werden müssen,
- neutrale Aufwendungen werden gar nicht in die Erfolgsrechnung aufgenommen und
- Kosten, die in eine Erfolgsrechnung gehören, aber in der Finanzbuchhaltung nicht (als Aufwendungen) vorhanden sind, weil sie rein »kalkulatorisch« angesetzt werden, das sind die sogenannten **Zusatzkosten**.

Analog sind die Abgrenzungen für die Leistungen vorzunehmen (Grundleistungen, Andersleistungen, neutrale Erträge und Zusatzleistungen).

Kosten-/Aufwandsarten	werden in der Erfolgsrechnung ...	werden in der Finanzbuchhaltung ...
Grundkosten	... geführt	... in gleicher Höhe geführt
Anderskosten	... geführt	... in anderer Höhe geführt
Neutrale Aufwendungen	... nicht geführt	... geführt
Zusatzkosten	... geführt	... nicht geführt

Kosten-/Aufwandsarten

2.2.1 Grundkosten

Beim Aufbau der Erfolgsrechnung sind die Grundkosten am einfachsten festzulegen. Sie übernehmen einfach (per DV oder manuell) die entsprechenden
Positionen aus der Finanzbuchhaltung so, wie sie dort angegeben sind. Auf
welche Aufwandspositionen das in einem Unternehmen zutrifft, ist individuell
verschieden. Materialaufwand, Einkauf von Handelsware und Aufwendungen
für Fremdleistungen stellen aber z.B. meistens Grundkosten dar. Die in der
Finanzbuchhaltung gebuchten Beträge können in der Regel einfach übernommen werden. Wenn Sie aber z.B. regelmäßig im Juni jedes Jahres Urlaubsgeld an
Ihre Mitarbeiter auszahlen, wird dieser Betrag in der Finanzbuchhaltung auch
im Juni gebucht. In der Erfolgsrechnung sollten Sie solche Einmalzahlungen
gleichmäßig auf alle Monate verteilen, weil jeder Monat seinen Anteil an dieser
Sonderzahlung tragen muss. Daher sind Urlaubsgeldzahlungen Anderskosten.

2.2.2 Anderskosten

Neben den Urlaubsgeldzahlungen sind oft auch Abschreibungen Anderskosten, weil in der Finanzbuchhaltung manchmal aus steuerlichen Gründen
über einen anderen Zeitraum abgeschrieben wird, als es der erwarteten
Nutzungsdauer entspricht. Die Neubewertung dieser Kostenpositionen erscheint aufwendig, ist aber notwendig, da Sie mit der Erfolgsrechnung ein
realistisches Bild der Unternehmenssituation erhalten wollen.

2.2.3 Neutrale Aufwendungen

Neutrale Aufwendungen sind entweder

- betriebsfremd, d.h. nicht durch den eigentlichen Betriebszweck entstanden, wie z.B. Spenden an gemeinnützige Organisationen oder
- außerordentlich, d.h. durch einmalige nicht vorhersehbare Ereignisse
  entstanden, wie z.B. die Aufwendungen für einen Lagerhallenbrand oder
- periodenfremd, wie z.B. Steuernachzahlungen aus Vorjahren.

Neutrale Aufwendungen gehören nicht in die Erfolgsrechnung, weil sie das
Bild des »normalen« Geschäftsbetriebs verschleiern würden.

2.2.4 Zusatzkosten

Typische Beispiele für Zusatzkosten sind kalkulatorische Zinsen auf das Ei- Check-
genkapital sowie der kalkulatorische Unternehmerlohn. Der kalkulatorische point 5
Unternehmerlohn stellt eine realistische Vergütung der Arbeitsleistung des
Einzelunternehmers dar, die nicht als Gehalt ausgezahlt wird (daher kein
Aufwand ist), aber kalkulatorisch in der Erfolgsrechnung berücksichtigt
werden sollte. Nur so kann der Unternehmer kontrollieren, ob der normale
Geschäftsprozess in der Lage ist, seine Arbeitsleistung angemessen zu ent-
lohnen.

Die kalkulatorischen Zinsen auf das Eigenkapital werden ebenfalls nicht als
solche ausgezahlt (daher kein Aufwand). Sie sollen garantieren, dass das
vom Unternehmer eingesetzte Kapital angemessen verzinst wird. Ob das so
ist, kann er nur feststellen, wenn er diese Position in die Erfolgsrechnung
integriert.

Wenn Sie alle Kostenpositionen, die Sie in Ihrer Erfolgsrechnung verwenden wollen, festgelegt haben, überprüfen Sie noch einmal, ob Ihre Auswahl
zweckmäßig ist oder ob Sie einzelne Kostenpositionen tiefer untergliedern
wollen bzw. zusammenfassen können.

Stellen Sie nun alle Leistungspositionen und alle Kostenpositionen gegenüber. Die Differenz aus den gesamten Leistungen und den gesamten Kosten ergibt den Erfolg Ihres Unternehmens. Gibt es in Ihrem Unternehmen
Bestandsveränderungen, müssen Sie diese zusätzlich berücksichtigen. Auch
wenn der Begriff »Bestandsveränderungen« es zunächst nicht vermuten
lässt, ist das folgende Kapitel auch für Dienstleistungsunternehmen relevant.

2.3 Bestandsveränderungen – Gesamtkostenverfahren

Bei einem Produktions- oder einem Handelsunternehmen leuchtet sofort ein, wie es zu Bestandsveränderungen kommen kann. Ein Produktionsunternehmen, das jeden Monat eine gleichmäßige Produktionsauslastung gewährleisten will, baut Lagerbestände an Halb- und Fertigfabrikaten auf, wenn die Umsätze saisonal ungleichmäßig anfallen. Das Gleiche gilt für ein Handelsunternehmen, das Lagerbestände aufbaut, weil es nicht immer nur genau das vorhalten kann, was im selben Monat voraussichtlich verkauft werden soll.

Da Dienstleistungsunternehmen nicht »auf Lager produzieren« können, könnte man annehmen, bei ihnen gäbe es keine Bestandsveränderungen. Das ist aber nicht richtig. Dienstleistungen können zwar nicht auf Vorrat produziert und gelagert werden, aber ihre Erstellung kann sich durchaus über mehrere Monate oder manchmal sogar über Jahre erstrecken, bis sie in Rechnung gestellt werden. Das Gleiche gilt für die Einzelauftragsfertigung. Auch diese Projekte erstrecken sich meist über einen längeren Zeitraum. In der Zwischenzeit fallen aber bereits Kosten an, bevor der zugehörige Umsatz erwirtschaftet wird.

Ein Beispiel: Ein Ingenieurbüro hat einen Auftrag für ein Bauprojekt angenommen, das sich über mehrere Monate erstreckt. Solange keine Rechnung oder Teilrechnung erstellt wird, wird über Monate ein »Bestand« an unfertigen Projekten aufgebaut, der erst im Monat der Rechnungsstellung wieder abgebaut wird. In allen Fällen (auch im Produktions- oder Handelsunternehmen) führen diese noch nicht abgerechneten Kosten zu Bestands**erhöhungen**, mit der Rechnungsstellung dann zu einer entsprechenden Bestands**minderung**.

Stellen Sie monatlich nur die **abgerechneten** Umsätze und die **tatsächlich angefallenen** Kosten gegenüber, sind die Kosten in den Monaten, in denen vorproduziert wird, zu hoch, weil ihnen noch kein Umsatz gegenübersteht. In dem Monat, in dem dann die Rechnung oder eine Teilrechnung gestellt wird, sind die Kosten zu niedrig, weil sie bereits vorher erfasst wurden. So entsteht der Eindruck, in den »Kostenmonaten« habe das Unternehmen wenig Erfolg gehabt (hohe Kosten, aber wenig Umsatz) und im Abrechnungsmonat sehr großen Erfolg (niedrige Kosten, aber hoher Umsatz). Belässt man es bei dieser Gegenüberstellung, ist keine Aussage mehr über den tatsächlichen Erfolg des Monats möglich. Dies ist übrigens keine Besonderheit des internen Rechnungswesens. Für die externe Gewinn- und Verlustrechnung ist es sogar vorgeschrieben, Bestandsveränderungen zu erfassen, weil sonst Gewinne in falsche Perioden verschoben werden könnten.

Zahlenbeispiel zu Bestandsveränderungen:

!

Angenommen, in den Monaten Januar und Februar fallen in Ihrem Unternehmen deutlich unterschiedliche Umsätze an: Der Januar ist ein »schwacher« Monat, der Februar ein »starker« Monat. Da Sie eine gleichmäßige Auslastung der Mitarbeiter und Maschinen anstreben, produzieren Sie im Januar für den Februar teilweise vor. Damit fallen in beiden Monaten gleich hohe Kosten an. Übertragen auf ein Dienstleistungsunternehmen würde bereits im Januar an Februar-Projekten gearbeitet; im Handel würden bereits im Januar Waren auf Lager gelegt, um im Februar lieferfähig zu sein.

Erfolgsrechnung ohne Berücksichtigung von Bestandsveränderungen

	Januar Euro	Februar Euro	Gesamt Euro
Umsatz	1.000.000	2.000.000	3.000.000
Kosten	−1.200.000	−1.200.000	−2.400.000
Erfolg	**−200.000**	**800.000**	**600.000**

Es sieht so aus, als sei der Januar schlecht gelaufen (mit einem Verlust von 200.000 Euro) und der Februar sehr gut (Erfolg von 800.000 Euro). In den Kosten des Januars in Höhe von 1.200.000 Euro sind aber bereits Kosten für den Februar-Umsatz enthalten. Angenommen, 400.000 Euro der Kosten von Januar sind für Produkte oder Projekte angefallen, die erst im Februar abgesetzt wurden. Diese Kosten erhöhen den bewerteten Bestand an Fertigfabrikaten oder unfertigen Projekten im Januar. In genau der gleichen Höhe wird der Bestand im Februar wieder vermindert, wenn die Produkte oder die Leistungen verkauft werden.

Erfolgsrechnung mit Berücksichtigung von Bestandsveränderungen

	Januar Euro	Februar Euro	Gesamt Euro
Umsatz	1.000.000	2.000.000	3.000.000
Bestandserhöhung	+ 400.000		+ 400.000
Bestandsminderung		− 400.000	− 400.000
Gesamtleistung	1.400.000	1.600.000	3.000.000
Kosten	− 1.200.000	− 1.200.000	− 2.400.000
Erfolg	200.000	400.000	600.000

Das Zwischenergebnis **nach Korrektur** durch die Bestandsveränderungen nennt man »Gesamtleistung«. An der Summe der Erfolge der beiden Monate hat sich nichts verändert, nur an der Aufteilung auf die beiden Monate. Durch die Bestandserhöhung im Januar wurde der Erfolg des Januars um 400.000 Euro erhöht, durch die Bestandsminderung im Februar wurde der Erfolg des Februars um 400.000 Euro vermindert.

Jetzt können Sie auch erkennen, dass in beiden Monaten gute Erfolge erzielt wurden. Gemessen an der Umsatzrendite (Erfolg : Umsatz) haben beide Monate sogar gleich gut abgeschnitten, nämlich mit einer Umsatzrendite von 20%.

Ein weiterer Fall für diese »Verschiebetechnik« sind aktivierte Eigenleistungen. Wenn Sie z. B. als Anlagenbauer eine Maschine für Ihre eigene Verwendung erstellen, entstehen Ihnen für diese Anlage Kosten, die später oder nie zu Umsatz führen. Deshalb werden aktivierte Eigenleistungen wie Bestandserhöhungen behandelt.

Diese Art der Erfolgsrechnung nennt man »Gesamtkostenverfahren«, weil die **Gesamtkosten**, so wie sie anfallen, der Gesamtleistung gegenübergestellt werden. Es handelt sich hierbei um eine recht einfache Methode, weil Sie einen Großteil der Daten direkt aus der Finanzbuchhaltung übernehmen können. Somit gewinnen Sie mithilfe dieses Verfahrens bereits kurz nach Ablauf jedes Monats einen schnellen Überblick über die Situation des Unternehmens. Die einzige Schwierigkeit liegt in der Bewertung der Bestände. In Produktionsunternehmen werden sie zu Herstellkosten, in Handelsunternehmen zu Einkaufspreisen und in Dienstleistungsunternehmen mithilfe von Stundensätzen bewertet.

Die folgende Tabelle zeigt einen Vorschlag für das Formular, mit dem Sie eine Erfolgsrechnung nach dem Gesamtkostenverfahren aufbauen können.

Check-point 7

Formularvorschlag: Erfolgsrechnung Gesamtkostenverfahren !

Formular Erfolgs-rechnung

	Euro	% der Gesamtleistung
Umsatz		
+ sonstige betriebliche Erträge		
+ Bestandserhöhungen		
– Bestandsminderungen		
+ aktivierte Eigenleistungen		
= Gesamtleistung		
– Materialkosten – Handelswaren – Fremdleistungen		
– Personalkosten		
– Mietkosten		
– Energiekosten		
– Kfz-Kosten		
– Reisekosten		
– Werbekosten		
– Verpackungskosten		
– Abschreibungen		
– Reparatur-/Instandhaltungs-kosten		
– Kosten für Büromaterial, Telefon, Porto etc.		

	Euro	% der Gesamtleistung
– Kosten für Rechts- und Unternehmensberatung		
– Versicherungsbeiträge		
– sonstige betriebliche Kosten		
– Zinskosten		
– Steuern		
– **Gesamtkosten**		
= **Unternehmenserfolg**		

Für einen genaueren Überblick über einzelne Unternehmensbereiche, insbesondere darüber, welches Produkt oder welches Profit Center welchen Beitrag zum Unternehmenserfolg leistet, ist das Gesamtkostenverfahren nicht geeignet. Dazu dient das »Umsatzkostenverfahren«, das in Kapitel 3 vorgestellt wird.

! **Zusammenfassung**

Neben der Gewinn- und Verlustrechnung (GuV) des externen Rechnungswesens benötigt jedes Unternehmen eine interne Erfolgsrechnung, weil die GuV nur einmal im Jahr aufgestellt wird und weil nicht alle Positionen in der GuV geeignet sind, sich einen Überblick über die **reale** Situation des Unternehmens zu verschaffen. Die Positionen der GuV können aber als Basis verwendet werden, um eine interne Erfolgsrechnung aufzubauen. Dazu werden einige Positionen direkt aus der GuV übernommen, andere müssen in ihrer Höhe verändert werden. Wieder andere können nicht übernommen werden, weil sie nicht zum eigentlichen Betriebsgeschehen gehören. Andere Positionen, die nicht in der GuV vorhanden sind, werden ergänzt, weil sie in der internen Erfolgsrechnung benötigt werden. Die Erfolgsrechnung liefert monatlich oder pro Quartal eine Übersicht über den Erfolg des Gesamtunternehmens und gewährleistet so, dass frühzeitig Gegenmaßnahmen ergriffen werden können, falls sich unerwünschte Entwicklungen zeigen.

Checkliste: Erfolgsrechnung Gesamtkostenverfahren

Checkliste Unternehmenserfolg

1. Nur Existenzgründer: Aufbau einer Gewinn- und Verlustrechnung (Finanzbuchhaltung)

2. Folgende Aufwendungen und Erträge können aus der Finanzbuchhaltung direkt übernommen werden: Grundkosten und Grundleistungen

3. Folgende Aufwendungen und Erträge müssen in der Höhe neu kalkuliert werden: Anderskosten und Andersleistungen

4. Folgende Aufwendungen und Erträge werden nicht in die Erfolgsrechnung übernommen: neutrale Aufwendungen und neutrale Erträge

5. Folgende Kosten und Leistungen werden zusätzlich in die Erfolgsrechnung aufgenommen: Zusatzkosten und Zusatzleistungen

6. Erfassen von Bestandsveränderungen und aktivierten Eigenleistungen

7. Zusammenführen von Leistungen und Kosten sowie Bestandsveränderungen und aktivierten Eigenleistungen zur Erfolgsrechnung nach dem Gesamtkostenverfahren

3   Der Produkterfolg

Während das Gesamtkostenverfahren dazu geeignet ist, Ihnen einen schnellen und einfachen Überblick über die aktuelle Situation des Gesamtunternehmens zu verschaffen, brauchen Sie für die Beantwortung der Frage, woher der Unternehmenserfolg stammt, eine detailliertere Darstellungsform. Wir begeben uns also in die »Untiefen« der vielen verschiedenen Produkte und Dienstleistungen, die ein Unternehmen anbietet und versuchen herauszufinden, welchen Umsatz und welche Kosten jedes dieser Produkte und jede dieser Dienstleistungen erwirtschaftet. Wenn wir das herausgefunden haben, können wir die einzelnen Produkterfolgsrechnungen zu einer Gesamterfolgsrechnung des Unternehmens zusammenführen. Dieses Format für die Darstellung des Unternehmenserfolgs ist das sogenannte Umsatzkostenverfahren, weil den Umsätzen die »richtigen« Kosten zugeordnet werden, nämlich die, die zu den Umsätzen gehören und nicht auch die, die für Produktion auf Lager entstanden sind, wie beim Gesamtkostenverfahren. Daher müssen wir beim Umsatzkostenverfahren auch keine Bestandsveränderungen erfassen und kommen trotzdem zum richtigen Ergebnis.

3.1 Wozu brauchen Sie eine Produkterfolgsrechnung?

Sie haben Ihrer Tochter versprochen, ihre Hochzeitsfeier auszurichten. Vom Veranstalter haben Sie ein »All-inclusive-Angebot« über 120 Euro pro Person bekommen. Dieses pauschalierte Angebot beinhaltet folgende Leistungen, sofern der Veranstalter mit mindestens 50 Personen rechnen kann:

- Raumnutzung für den Abend,
- Buffet und Getränke,
- eine Band für den Abend.

Ihre Tochter hat Ihnen gestern vorsichtig nahe gebracht, dass sie doch eher 100 als 50 Gäste einladen möchte. Da das Ihr Budget sprengen würde, sprechen Sie den Veranstalter auf einen möglichen Mengenrabatt an. Dieser kalkuliert noch einmal und macht Ihnen ein neues Angebot über 100 Euro pro Person, wenn Sie ihm 100 Personen garantieren. Sie schließen den Vertrag ab.

Wie ist der Veranstalter zu diesem Sonderpreis gekommen? Angenommen, die Kosten des Veranstalters belaufen sich erfahrungsgemäß auf:

- Buffet: 10 Euro pro Person,
- Getränke: 10 Euro pro Person,
- Raummiete: 500 Euro für den Abend,
- Band: 1.000 Euro für den Abend.

Somit ergeben sich für den Veranstalter bei 50 Personen direkte Kosten in Höhe von 2.500 Euro für den Abend.

Kostenaufstellung Hochzeitsabend für 50 Personen (direkte Kosten)

Leistungsart	Personenzahl	Kosten pro Person bzw. Abend Euro	Gesamtkosten für den Abend Euro
Buffet	50	10	500
Getränke	50	10	500
Raummiete		500	500
Band		1.000	1.000
Gesamt	**50**	**50**	**2.500**

Buffet und Getränke berechnet der Veranstalter üblicherweise mit einem Aufschlag von 300 % weiter, die Raummiete mit einem Aufschlag von 100 %, und die Kosten für die Band »reicht er durch«, d. h. er berechnet sie ohne Aufschlag. Die Aufschläge sind Erfahrungswerte und richten sich daran aus, was der Markt »hergibt«. Andererseits sollen sie aber auch ausreichen, um die gesamten Kosten des Veranstalters zu erwirtschaften. Dazu gehören sein eigenes Gehalt, das Gehalt seiner Sekretärin, Kosten für Werbung etc. (Gemeinkosten). Daraus ergeben sich die folgenden Angebotspreise:

- Buffet (300 % Aufschlag): 40 Euro pro Person
- Getränke (300 % Aufschlag): 40 Euro pro Person
- Raummiete (100 % Aufschlag): 1.000 Euro für den Abend
- Band (kein Aufschlag): 1.000 Euro für den Abend

Bei 50 Gästen ermittelt der Veranstalter einen Angebotspreis von insgesamt 6.000 Euro bzw. 120 Euro pro Person.

Preisaufstellung Hochzeitsabend für 50 Personen

Leistungsart	Personenzahl	Preis pro Person und Abend Euro	Gesamtpreis für den Abend Euro	Direkte Kosten für den Abend Euro
Buffet	50	40	2.000	500
Getränke	50	40	2.000	500
Raummiete		1.000	1.000	500
Band		1.000	1.000	1.000
Gesamt	50	120	6.000	2.500

Bleibt es bei 50 Personen, erwirtschaftet der Veranstalter seine direkten Kosten in Höhe von 2.500 Euro und behält darüber hinaus von den 6.000 Euro noch 3.500 Euro übrig, um seine Gemeinkosten auszugleichen. Bei 100 Gästen kann der Veranstalter die Pauschalpreise für Raummiete und Band auf mehr Personen verteilen und kommt damit, wie die nächste Tabelle zeigt, zu einem Angebotspreis von insgesamt 10.000 Euro bzw. nur noch 100 Euro pro Person.

Preisaufstellung Hochzeitsabend für 100 Personen

Leistungsart	Personenzahl	Preis pro Person und Abend Euro	Gesamtpreis für den Abend Euro	Direkte Kosten für den Abend Euro
Buffet	100	40	4.000	1.000
Getränke	100	40	4.000	1.000
Raummiete		1.000	1.000	500
Band		1.000	1.000	1.000
Gesamt	100	100	10.000	3.500

In diesem Fall erwirtschaftet der Veranstalter seine direkten Kosten von 3.500 Euro, erhält aber darüber hinaus von den 10.000 Euro noch 6.500 Euro, um seine Gemeinkosten auszugleichen.

Welchen Preis der Veranstalter verlangen muss, kann er nur entscheiden, wenn er seine gesamten Kosten kennt. Auch wenn er seine Preise nicht frei bestimmen kann, sondern zu Marktpreisen anbieten muss, ist es für ihn existenziell notwendig, seine Kosten zu kennen. Nur so kann er sehen, welche Produkte einen Erfolg erwirtschaften. Und er erkennt, ob dieser Erfolg ausreicht, alle insgesamt entstandenen Kosten auszugleichen.

Auch die Entscheidung über die Art seines Angebots kann der Veranstalter nur treffen, wenn er seine Kostenstruktur kennt. Es könnte z. B. lukrativ sein, einen eigenen Veranstaltungsraum dauerhaft zu pachten oder zu kaufen. Die Raumkosten pro Abend hängen dann davon ab, wie oft der Raum genutzt wird, und würden bei häufigerer Nutzung sinken. Bei den Getränken ist es umgekehrt: Der Veranstalter muss für den Abend ein bestimmtes Kontingent an verschiedenen Getränken vorsehen. Wenn mehr getrunken wird als erwartet, liegen seine eigenen Kosten höher als zehn Euro pro Person, und es verbleiben weniger als 30 Euro pro Person zum Ausgleich seiner übrigen Kosten. Wird weniger getrunken, verbleiben ihm mehr als 30 Euro pro Person. Wenn er hier kein Risiko eingehen will, muss er die Getränke nach Verbrauch abrechnen.

Das Beispiel liefert Ihnen »drei gute Gründe«, warum Sie eine Produkterfolgsrechnung und eine Kostenkalkulation brauchen:
1. Sie müssen die Kosten Ihrer Produkte kennen, um deren Verkaufspreise kalkulieren zu können. Selbst wenn Sie die Preise nicht frei bestimmen können, weil Sie sie nach dem Markt ausrichten müssen, brauchen Sie die Informationen, um den Produkterfolg beurteilen zu können.
2. Ohne den Erfolg jedes Ihrer Produkte zu kennen, können Sie keine strategischen Entscheidungen über Ihr Produktsortiment treffen. Dazu gehören auch Überlegungen über die Art Ihres Produktangebots: pauschal oder nach Aufwand, eine Mischung aus beidem, Höchstgrenzen etc.
3. Nur, wenn Sie Ihre Produktkosten kennen, können Sie entscheiden, ob Sie Leistungen besser fremdvergeben sollten.

Stellen Sie sich nun vor, in Ihrem Unternehmen werden Massenartikel hergestellt. Sie möchten wissen, mit welchen Produkten Sie einen Erfolg erwirtschaften und in welcher Höhe. Dazu ist es erforderlich, die Preise Ihrer Produkte und deren Kosten zu ermitteln. Der Verkaufspreis für ein Produkt wird selten auf der Grundlage der eigenen Kosten festgelegt, sondern hängt fast immer davon ab, was der Markt hergibt. Das heißt, bei den meisten Märkten handelt es sich um sogenannte Käufermärkte, bei denen letztlich der Käufer und die Konkurrenz entscheiden, welchen Preis Sie verlangen können.

Sollten Sie mit Ihren Produkten auf einem Verkäufermarkt platziert sein, können Sie den Verkaufspreis freier gestalten. Sie werden den Verkaufspreis so festsetzen wollen, dass er Ihre gesamten Kosten ausgleicht und Sie außerdem einen Gewinn erzielen.

Für beide Marktsituationen müssen Sie aber wissen, welche Kosten Ihre Produkte verursachen. Im ersten Fall benötigen Sie diese Information, um zu entscheiden, ob der Marktpreis ausreicht, im zweiten Fall, um Ihren Verkaufspreis überhaupt ermitteln zu können.

3.2   So verteilen Sie Ihre Kosten auf die Produkte

Die Frage, welche Kosten von welchem Produkt verursacht werden, ist nur zum Teil leicht zu beantworten. Es gibt die sogenannten Einzelkosten (oben als direkte Kosten bezeichnet), die eindeutig einem bestimmten Produkt zurechenbar sind, wie das im Beispiel oben für die Getränke, das Essen, die Raummiete und die Band der Fall war. In Produktionsunternehmen sind das klassischerweise die Materialkosten, im Handel der Wareneinkauf usw. Darüber hinaus gibt es aber auch noch Kosten, die sich nicht eindeutig zurechnen lassen, die sogenannten Gemeinkosten. Wenn wir aber die Gesamtkosten jedes Produktes erfahren wollen, müssen wir auch diese Kosten »irgendwie« zurechnen. Zur Verdeutlichung zeige ich Ihnen im Folgenden das Beispiel einer Bäckerei.

! **Beispiel zur Ermittlung des Produkterfolgs:**
Das Beispielunternehmen ist eine Großbäckerei mit mehreren Verkaufsfilialen. Die Einzelkosten der Produkte setzen sich aus den Kosten für die Zutaten der Rezepturen zusammen und sind folglich Materialeinzelkosten. In der folgenden Tabelle sind diese Materialeinzelkosten für das Produkt Brötchen zusammengestellt.

Materialeinzelkosten für die Produktion von 1.000 Brötchen

Kostenart	Euro pro 1.000 Stück
Mehl	12,00
Backmittel	4,00
Hefe	2,00
Wasser	0,03
Salz	0,27
Gesamt	18,30

Zu diesen Einzelkosten kommen Gemeinkosten hinzu, die nur anteilig zugerechnet werden können, wie z.B.:
- Kosten für die Beschaffung der Zutaten,
- Lagerkosten für die Zutaten,
- Kosten für die Verarbeitung,
- Vertriebskosten und
- Verwaltungskosten.

Für die Zuordnung dieser Gemeinkosten muss man sich einen Verrechnungs-schlüssel überlegen, der diese Kosten möglichst »gerecht« auf die Produkte oder Dienstleistungen verteilt. Woher bekommen Sie aber die »richtigen« Verrechnungsschlüssel? Richtig ist ein Verrechnungsschlüssel eigentlich nur, wenn er die Gemeinkosten **verursachungsgerecht** auf die Produkte verteilt. Dazu müssten Sie genau sagen können, welches Produkt in welcher Höhe die einzelnen Kostenstellen, von denen die Gemeinkosten stammen, z.B. die Kalkulationsabteilung, in Anspruch nimmt. Das wird Ihnen aber nicht gelingen, sonst hätten Sie es nicht mit Gemeinkosten, sondern mit Einzelkosten zu tun. Deshalb müssen Sie sich mit Schlüsseln behelfen, von denen Sie annehmen, dass sie einigermaßen sinnvoll wiedergeben, wie die Gemeinkosten durch die Produkte in Anspruch genommen werden.

Check-point 2

Eine Verteilung der gesamten Gemeinkosten mit einem einzigen Schlüssel ist immer problematisch, wenn die Gemeinkosten eine relevante Größenord-nung haben. Sinnvoll könnte so eine Zuordnung aber z.B. für ein Dienstleis-tungsunternehmen sein, in dem der Großteil der Kosten aus Personalkosten besteht, die über Stundenaufschreibungen den Dienstleistungen zugerech-net werden.

Die noch verbleibenden Gemeinkosten (Verwaltung und Vertrieb) sind meist so niedrig, dass sie in einem einzigen Satz auf diese Stundensätze aufge-schlagen werden können.

Eine in der deutschen Wirtschaft übliche Vorgehensweise, um die Gemein-kosten auf die Produkte zu verteilen, spaltet die Gemeinkosten in die vier Bereiche: Material, Fertigung, Vertrieb und Verwaltung auf.

Jede Gemeinkostenart wird dann über eine eigene Bezugsgröße weiterver-rechnet: Die Materialgemeinkosten werden im Verhältnis der Materialeinzel-kosten zugerechnet. Die Fertigungsgemeinkosten werden entsprechend den unterschiedlichen Fertigungszeiten auf die Produkte verteilt. Die Verwal-tungs- und Vertriebskosten werden nach der Höhe der Herstellkosten ver-rechnet. Diese Art der Zurechnung von Gemeinkosten auf Produkte nennt man »Bezugsgrößenkalkulation« oder »differenzierende Zuschlagskalkula-tion«.

Das folgende Beispiel zeigt eine solche Bezugsgrößenkalkulation für die Großbäckerei.

! **Beispiel für die Verteilung der Gemeinkosten auf Produkte (Bezugsgrößenkalkulation):**

Die Großbäckerei produziert und verkauft ausschließlich Brötchen und Brezeln (damit das Beispiel übersichtlich bleibt), und zwar 5 Mio. Brötchen und 1 Mio. Brezeln pro Jahr. Insgesamt fallen pro Jahr 1.421.300 Euro an Gemeinkosten für das gesamte Unternehmen an. Die Materialeinzelkosten für die Brötchen betragen 91.500 Euro pro Jahr (0,0183 Euro/Stück) und für die Brezeln 13.000 Euro pro Jahr (0,0130 Euro/Stück).

Die gesamten Gemeinkosten in Höhe von 1.421.300 Euro verteilen sich wie folgt auf die vier Bereiche:

- Materialbereich: 20.900 Euro; diese werden auf der Grundlage der Materialeinzelkosten von insgesamt 104.500 Euro zugeschlagen, also mit einem Zuschlagsatz von 20% (20.900 : 104.500 = 20%).

- Fertigung: 637.500 Euro; diese werden auf der Grundlage der benötigten Fertigungszeiten von insgesamt 750.000 Minuten zugeschlagen, also mit einem Zuschlagsatz von 0,85 Euro/Minute (637.500 : 750.000 = 0,85). Für die Brötchen werden pro Jahr 500.000 Fertigungsminuten und für die Brezeln 250.000 Minuten benötigt.

- Vertrieb: 610.320 Euro; diese werden auf der Grundlage der Herstellkosten von insgesamt 762.900 Euro zugeschlagen, also mit einem Zuschlagsatz von 80% (610.320 : 762.900 = 80%). Die Herstellkosten teilen sich zu 534.800 Euro auf die Brötchen und zu 228.100 Euro auf die Brezeln auf.

- Verwaltung: 152.580 Euro; diese werden ebenfalls auf der Grundlage der Herstellkosten von insgesamt 762.900 Euro zugeschlagen, also mit einem Zuschlagsatz von 20% (152.580 : 762.900 = 20%).

Gemeinkostenverteilung nach der Bezugsgrößenkalkulation

Produkt	Einzelkosten/Gemeinkosten (GK) Euro		Gesamtkosten Euro	Kosten pro Stück Euro
Brötchen	Materialeinzelkosten:	91.500		
20%	Material-GK:	18.300		
0,85 Euro/min.	Fertigungs-GK:	425.000		
Zw.summe	*Herstellkosten*	*534.800*		
80%	Vertriebs-GK:	427.840		
20%	Verwaltungs-GK:	*106.960*		
	Gesamtkosten		1.069.600	0,21
Brezeln	Einzelkosten:	13.000		
20%	Material-GK:	2.600		
0,85 Euro/min.	Fertigungs-GK:	212.500		
Zw.summe	*Herstellkosten*	*228.100*		
80%	Vertriebs-GK:	182.480		
20%	Verwaltungs-GK:	45.620		
	Gesamtkosten		456.200	0,46

In diesem Beispiel kommen Sie zu Stückkosten von 0,21 Euro/Stück für die Brötchen und 0,46 Euro/Stück für die Brezeln.

Wählen Sie andere Bezugsgrößen zur Verteilung der Gemeinkosten auf die Produkte aus, kommen Sie bei den Stückkosten auch zu anderen Ergebnissen. Eine häufig anzutreffende Methode belastet z.B. jedes Produkt mit so vielen Gemeinkosten, wie es tragen kann (Kostentragfähigkeitsprinzip). Das bedeutet, die Gemeinkosten werden proportional zum Umsatz oder zum Deckungsbeitrag zugeschlagen. Diese Variante ist **nicht** empfehlenswert, da Sie so Ihre eigene Kalkulation unbrauchbar machen: Ein Produkt, das einen hohen Umsatz erwirtschaftet, wird mit einem hohen Gemeinkostenanteil »kaputt« gerechnet, ein Produkt mit niedrigem Umsatz wird »geschont«. Eine eindeutige Bewertung, welches Produkt gute und welches schlechte Erfolge erwirtschaftet, ist somit nicht mehr möglich.

Die Zuschlagsätze in dem Beispiel wurden auf der Basis tatsächlich entstandener Kosten berechnet. Diese Kosten können je nach Auslastung von Abrechnungsperiode zu Abrechnungsperiode schwanken. Damit nicht jeden Monat neue Zuschlagsätze ermittelt werden müssen und eine gewisse Kontinuität der Kalkulation gewährleistet ist, setzt man in der Praxis meist Durchschnittswerte aus der Vergangenheit zur Berechnung der Zuschlagsätze ein.

Sie sollten sich aber darüber im Klaren sein: Gleichgültig, welche Bezugsgröße Sie wählen, echte Gemeinkosten können nicht verursachungsgerecht zugeordnet werden, sonst wären es keine Gemeinkosten. Sie können sich dem Idealzustand höchstens nähern. Wenn Sie sich mit dieser Situation nicht abfinden wollen, sollten Sie sich intensiver mit der »Prozesskostenrechnung« beschäftigen.

Das Beispiel oben bezieht sich auf ein Produktionsunternehmen (Bäckerei). Natürlich können die Ideen und Methoden genauso auf Handelsunternehmen, Dienstleistungsunternehmen und Einzelauftragsfertiger angewendet werden.

In der Großbäckerei sind also die folgenden Zuschlagsätze für die verschiedenen Gemeinkostenarten festgesetzt worden:

- Materialgemeinkosten (Lager, Beschaffung): 20% auf die Materialeinzelkosten
- Fertigungsgemeinkosten: 51 Euro/Std. bei 100 Minuten Fertigungszeit pro 1.000 Brötchen
- Vertriebskosten (u.a. Verkauf in den Filialen): 80% auf die Herstellkosten (Material- plus Fertigungskosten)
- Verwaltungskosten: 20% auf die Herstellkosten.

Die Gesamtkosten der Brötchen setzen sich demnach wie folgt zusammen:

Gesamtkosten für 1.000 Brötchen

Kosten
Produktion

Kostenart	Euro pro 1.000 Stück
Materialeinzelkosten	18,30
Materialgemeinkosten (20% der Materialeinzelkosten)	3,66
Fertigungskosten (51 Euro/Std. x 100 min./60)	*85,00*
Zwischensumme: Herstellkosten	106,96
Vertriebskosten (80% der Herstellkosten)	85,57
Verwaltungskosten (20% der Herstellkosten)	21,39
Zwischensumme: Overheadkosten	*106,96*
Gesamtkosten pro 1.000 Brötchen	213,92
Kosten pro Brötchen (Stückkosten)	0,21

Wenn Sie einen Verkäufermarkt bedienen, können Sie auf der Grundlage dieser Kostenkalkulation Ihren Verkaufspreis relativ frei bestimmen. Verlangen Sie z. B. einen Mindestgewinn in Höhe von 15 % Ihrer Kosten, werden Sie den Verkaufspreis für 1.000 Brötchen auf 246,01 Euro festsetzen (213,92 x 1,15), d. h. der Preis pro Brötchen liegt bei mindestens 25 Cent.

Check-point 3

Kalkulation des Verkaufspreises für Brötchen

	Euro
Gesamtkosten pro 1.000 Brötchen	213,92
Gewinnaufschlag (15 % auf die Kosten)	32,09
Verkaufspreis für 1.000 Brötchen (Kosten + Gewinnaufschlag)	246,01
Verkaufspreis für 1 Brötchen (gerundet)	0,25

Preiskal-kulation

Der Produkterfolg für das Produkt Brötchen läge demnach bei 0,04 Euro pro Stück (Verkaufspreis – Kosten = 0,25 – 0,21 = 0,04).
Wenn Sie einen Käufermarkt bedienen, setzen Sie Ihren Verkaufspreis nach den Bedingungen des Markts fest. Liegt der Marktpreis z. B. bei 0,26 Euro pro Stück, ermitteln Sie nach Abzug der Gesamtkosten vom Stückpreis einen Produkterfolg von 0,05 Euro pro Stück.

Produkterfolgsrechnung für 1.000 Brötchen

Check-point 1

	Euro pro 1.000 Stück
Umsatz	260,00
Materialeinzelkosten	18,30
Materialgemeinkosten (20 % der Materialeinzelkosten)	3,66
Fertigungskosten (51 Euro/Std. x 100 min./60)	85,00
Zwischensumme: Herstellkosten	*106,96*
Vertriebskosten (80 % der Herstellkosten)	85,57
Verwaltungskosten (20 % der Herstellkosten)	21,39
Zwischensumme: Overheadkosten	*106,96*
Gesamtkosten pro 1.000 Brötchen	213,92
Produkterfolg für 1.000 Brötchen	46,08
Produkterfolg für 1 Brötchen (gerundet)	0,05

PER Produk-tion

Dieses Schema für Ihre Produkterfolgsrechnung aufzustellen, kostet viel Mühe. Aber wenn Sie es geschafft haben, können Sie das gleiche Schema für alle Ihre Produkte einsetzen. Und damit haben Sie schon eine wichtige Voraussetzung für eine solide Unternehmenssteuerung geschaffen.

Eine Warnung darf an dieser Stelle nicht fehlen: Bevor Sie sich entscheiden, ein Produkt wegen eines geringen oder negativen Produkterfolgs aufzugeben, sollten weitere Überlegungen aus Marketingsicht angestellt werden:

- Gibt es vielleicht andere Produkte, die nur mit diesem Produkt zusammen verkäuflich sind?
- Handelt es sich um ein Produkt, das trotz eines geringen Stückerfolgs durch die hohe Absatzmenge einen guten Beitrag zum Gesamterfolg bringt?
- Fallen wirklich auch alle dem Produkt zugerechneten Gemeinkosten weg, wenn dieses Produkt aus dem Sortiment genommen wird? Oder werden diese nur einfach auf andere Produkte verteilt?

Diese Aspekte werden in Kapitel 7 weiter vertieft.

Wenn Anbieter auf dem Markt langfristig günstiger anbieten, als Sie selbst produzieren, könnten Sie überlegen, Ihre eigene Produktion einzustellen und sich nur noch auf das **Verkaufen** von Brötchen in Ihren Filialen zu beschränken. Vor einer solchen Entscheidung sollten Sie auf jeden Fall überprüfen, welche Gemeinkosten Sie wirklich einsparen. Außerdem wäre zu bedenken, dass Sie mit dieser Entscheidung eine grundlegende strategische Veränderung der Ausrichtung Ihres Unternehmens vornehmen würden. Sie wären auf Dauer keine Großbäckerei mehr, sondern nur noch ein Backwarenverkauf. Das würde u.a. die Gefahr beinhalten, dass sich Kunden abwenden, weil sie befürchten, nicht mehr die gewohnte Qualität zu erhalten. Außerdem wäre es möglich, dass sich die Kosten- und Preisverhältnisse in Kürze wieder ändern.

Mit der Produkterfolgsrechnung schaffen Sie sich eine große Entscheidungshilfe für die Steuerung Ihres Unternehmens. Das macht das Controlling so wertvoll: Sie haben eine sichere Basis, auf der Sie Entscheidungen treffen und überprüfen können.

3.3 Wie ermitteln Sie als Dienstleister den Erfolg Ihrer Dienstleistungen?

Es gibt Dienstleistungsunternehmen, die Standarddienstleistungen zu festen Listenpreisen anbieten. Meistens handelt es sich dabei um Leistungen, die auf Stundenbasis zu festen Stundensätzen verkauft werden. Die Kalkulation dieser Leistungen ist einfach, wenn das Unternehmen ausschließlich diese Standarddienstleistungen anbietet. Sie brauchen nur alle Kosten des Unternehmens zusammenzurechnen und durch die Anzahl der geplanten Stunden zu dividieren. Schon haben Sie den Stundenkostensatz für Ihre Leistung ermittelt. Der Stundensatz, der den Kunden in Rechnung gestellt wird, muss dann mindestens genauso hoch sein wie Ihr Stundenkostensatz, wenn Sie keinen Verlust machen wollen.

Die meisten Dienstleister bieten aber sowohl Standarddienstleistungen als auch individuell für den jeweiligen Kunden zusammengestellte Leistungen an. Diese Aufträge müssen jeweils einzeln kalkuliert werden, weil sie sich aus verschiedenen Bausteinen immer wieder neu zusammensetzen. Die Kalkulation solcher Einzelaufträge unterscheidet sich aber gar nicht so stark, wie immer vermutet wird, von der Produktkalkulation aus dem vorhergehenden Kapitel. Auch hier werden Einzelkosten den Dienstleistungen direkt zugerechnet und Gemeinkosten müssen über Zuschläge verrechnet werden. Ein großer Unterschied zu Produktionsunternehmen besteht darin, dass Dienstleistungen im Wesentlichen Personalkosten verursachen, und zwar sowohl für eigenes Personal als auch für Zeitarbeitskräfte und den Einsatz von Fremdfirmen.

Dabei fallen die Kosten für das eigene Personal unabhängig davon an, ob Sie Aufträge haben oder nicht. Die Kosten für Zeitarbeitskräfte und Fremdfirmen entstehen dagegen nur, wenn Sie diese tatsächlich für die Erstellung einer Dienstleistung einsetzen. Die Kosten für Zeitarbeitskräfte und Fremdfirmen sind somit als Einzelkosten jeder Dienstleistung direkt zuzuordnen, während die Personalkosten eigener Mitarbeiter Gemeinkosten sind und sich nicht direkt zurechnen lassen.

Das folgende Beispiel zeigt zunächst, wie die Gesamtkosten des Unternehmens erfasst werden, um dann auf dieser Grundlage Zuschlagsätze für die Zuordnung der Gemeinkosten zu bestimmen.

!

Beispiel zur Ermittlung des Produkterfolgs (Dienstleistung):

Das Beispielunternehmen ist ein Dienstleistungsunternehmen im Medienbereich. Es erstellt für andere Unternehmen Hörbeiträge, die gesprochene und mit Musik unterlegte Werbung für verschiedene Verwendungszwecke enthalten. Es beschäftigt fest angestellte Mitarbeiter, setzt zusätzlich Zeitarbeitskräfte ein und nimmt außerdem für die Produktion der Hörbeiträge Fremdfirmen in Anspruch. Zusätzlich werden Berufssprecher engagiert, die ein Sprecherhonorar erhalten.

Im letzten Jahr hat das Unternehmen einen Umsatz in Höhe von 10 Mio. Euro erwirtschaftet. Die gesamten Kosten lagen bei 9 Mio. Euro. Die Verteilung der Kosten auf die einzelnen Kostenarten zeigt die folgende Tabelle:

Kostenaufstellung für Mediaagentur

Kostenart	Euro
Sprecherhonorare	1.000.000
Fremdleistungen	2.000.000
Zeitarbeitskräfte	2.000.000
Personalkosten eigener Dienstleister	2.700.000
Summe Einzelkosten	**7.700.000**
Personalkosten Verwaltung	500.000
Mietkosten	50.000
Kfz-Kosten	30.000
Reisekosten	50.000
Werbekosten	500.000
Abschreibungen	28.000
Reparatur-/Instandhaltungskosten	2.000
sonstige betriebliche Kosten	50.000
Zinskosten	10.000
Steuern	80.000
Summe Gemeinkosten	**1.300.000**
Gesamtkosten	**9.000.000**

Die ersten drei Positionen (Sprecherhonorare, Fremdleistungen, Zeitarbeitskräfte) sind Einzelkosten, weil sie jeder einzelnen Dienstleistung eindeutig verursachungsgerecht zugeordnet werden können. Die Personalkosten der eigenen Dienstleister werden über Stundenaufschreibungen zugerechnet. Sie werden dadurch »zu Einzelkosten gemacht«. Wenn die eigenen Dienstleister im letzten Jahr insgesamt 60.000 produktive Stunden geleistet haben, ergibt das einen Stundensatz von 45 Euro/Std. (2.700.000 Euro : 60.000 Std.). Die übrigen Kosten sind Gemeinkosten, die über Zuschläge zugerechnet werden.

Für eine konkrete Dienstleistung sind im letzten Jahr die folgenden Einzelkosten entstanden:

- Sprecherhonorare: 1.000 Euro
- Fremdleistungen: 1.000 Euro
- Zeitarbeitskräfte: 40 Std. zu 50 Euro/Std. = 2.000 Euro
- Eigene Dienstleister: 100 Std. zu 45 Euro/Std. = 4.500 Euro

Die übrigen Kosten (Gemeinkosten) wurden alle auf der Basis der Einzelkosten zugerechnet: Insgesamt sind im letzten Jahr 7,7 Mio. Euro an Einzelkosten und 1,3 Mio. Euro an Gemeinkosten angefallen. Die Gemeinkosten betragen also 16,9% von den Einzelkosten (1,3 Mio. Euro : 7,7 Mio. Euro). Das heißt, zu jedem Euro an Einzelkosten kommen weitere 0,169 Euro an Gemeinkosten hinzu.

Wenn man diese Gemeinkosten nach Kostenpositionen getrennt ausweisen möchte, ist für jede Kostenposition ein eigener Zuschlagsatz zu ermitteln:

- Die Personalkosten Verwaltung werden mit 6,49% auf die Einzelkosten zugeschlagen (500.000 : 7,7 Mio. = 6,49%),
- die Mietkosten mit 0,65% (50.000 : 7,7 Mio. = 0,65%) usw.

Für die Dienstleistung aus dem letzten Jahr kommen daher zu den Einzelkosten in Höhe von 8.500 Euro (1.000 + 1.000 + 2.000 + 4.500) weitere 552 Euro (6,49% x 8.500 Euro) an Personalkosten Verwaltung hinzu, Mietkosten in Höhe von 55 Euro (0,65% x 8.500 Euro) usw.

Wenn der Umsatz für die Dienstleistung 12.000 Euro betragen hat, erhalten Sie die folgende Produkterfolgsrechnung für diese Dienstleistung. Der Produkterfolg wird durch Abzug der Gesamtkosten vom Umsatz ermittelt.

Produkterfolgsrechnung Dienstleistung

	Euro
Umsatz	12.000
Sprecherhonorare	1.000
Fremdleistungen	1.000
Zeitarbeitskräfte	2.000
Zwischensumme: »echte« Einzelkosten	*4.000*
Personalkosten eigene Dienstleister	4.500
Zwischensumme: gesamte Einzelkosten	*8.500*
Personalkosten Verwaltung (6,49%)	552
Mietkosten (0,65%)	55
Kfz-Kosten (0,39%)	33
Reisekosten (0,65%)	55
Werbekosten (6,49%)	552
Abschreibungen (0,36%)	31
Reparatur-/Instandhaltungskosten (0,03%)	3
sonstige betriebliche Kosten (0,65%)	55
Zinskosten (0,13%)	11
Steuern (1,04%)	88
Zwischensumme: Gemeinkosten	*1.435*
Gesamtkosten	**9.935**
Produkterfolg	**2.065**

Die hier betrachtete Dienstleistung wurde bereits im letzten Jahr erbracht. Bei dieser Produkterfolgsrechnung handelt es sich demnach um eine soge- nannte »Nachkalkulation«. Sie können die Daten aber auch als Grundlage für zukünftige Angebotskalkulationen (Vorkalkulationen) verwenden. Han- delt es sich bei einer Dienstleistung um einen individuellen Einzelauftrag, ist die Nachkalkulation nur bedingt weiterverwendbar. Für jeden neuen Einzelauftrag muss eine eigene Kalkulation erstellt werden, die auf die Besonderheiten des Auftrags eingeht (unterschiedlicher Einsatz von Fremdfirmen, unterschiedliche Stundenzahlen etc.). Sie können sich aber einen »Baukasten« mit Einzelleistungen schaffen, aus dem Sie jeden Auftrag individuell zusammenstellen.

Genau wie in dem Beispiel für den Massenfertiger, schaffen Sie auch als Dienstleister mit dieser Methode die Voraussetzungen für eine erfolgreiche Unternehmenssteuerung. Der wesentliche Unterschied in der Vorgehensweise zwischen Produktion und Dienstleistung besteht darin, dass Sie in der Produktion die vier verschiedenen Gemeinkostenarten (Material, Fertigung, Verwaltung und Vertrieb) mit drei verschiedenen Bezugsgrößen (Materialeinzelkosten, Fertigungsminuten, Herstellkosten) zurechnen, während Sie für die Dienstleistung alle Gemeinkosten durch eine einzige Bezugsgröße, nämlich die gesamten Einzelkosten, verrechnen.

Die Zweckmäßigkeit der Kalkulation der Personalkosten eigener Dienstleister auf Stundenbasis steht und fällt damit, dass Sie die produktiven Stunden richtig schätzen. Im Beispiel waren 60.000 produktive Stunden im Jahr für die eigenen Dienstleister eingeplant. Daraus ergab sich der Stundensatz von 45 Euro/Std. (2.700.000 Euro : 60.000 Std.). Wenn Sie am Ende des Jahres feststellen sollten, dass Ihre Leute weniger produktive Stunden geleistet haben, z. B. nur 54.000 Stunden, kann das viele Gründe haben: Sie könnten z. B. weniger Aufträge abgewickelt haben als geplant. Oder Ihre Leute haben schneller gearbeitet als geplant. Oder die restlichen 6.000 Stunden waren nicht anrechenbar, weil sie für Aufräumen, Saubermachen, Verwaltungstätigkeiten o. Ä. verwendet wurden.

Auf jeden Fall bedeutet es, dass alle Ihre Kalkulationen aus dem letzten Jahr falsch sind. Eigentlich hätten Sie nämlich statt 45 Euro/Std. einen Satz von 50 Euro/Std. ansetzen müssen (2.700.000 Euro : 54.000 Std.).

Der Auftrag aus dem Beispiel hätte für 100 Stunden der eigenen Dienstleister mit 5.000 Euro kalkuliert werden müssen statt mit 4.500 Euro. Ihr Erfolg reduziert sich damit von 2.065 Euro auf 1.565 Euro für diesen Auftrag. Diesen Fehler können Sie rückwirkend nicht wieder gutmachen.

Wenn Sie auf einem Verkäufermarkt tätig sind, könnten Sie aber zumindest für die Zukunft den Verkaufspreis Ihrer Dienstleistungen erhöhen, um weitere Verluste zu vermeiden. Wenn dagegen der Markt den Preis bestimmt, haben Sie diese Wahl nicht. Sie müssen herausfinden, warum Ihre Mitarbeiter weniger produktive Stunden geleistet haben: Liegt es daran, dass Sie weniger Aufträge haben als erwartet, müssen Sie schnellstens für neue Aufträge sorgen oder Ihre Mitarbeiter anderweitig einsetzen, damit sie dort Erträge erwirtschaften oder Kosten einsparen helfen. Falls es sich um einen dauerhaften Rückgang an Aufträgen handelt, müssen Sie vielleicht sogar Mitarbeiter entlassen. Falls Ihre Mitarbeiter zu viele Stunden für unproduktive Arbeiten verbraucht haben, müssen Sie an dieser Stelle eine Änderung herbeiführen. Ist die Stundenzahl zurückgegangen, weil Ihre Leute schneller gearbeitet haben, können Sie diese Entwicklung positiv für sich nutzen, wenn Sie Ihren Kunden trotzdem die volle Stundenzahl berechnen können. Dann sind Ihre Kalkulationen auch nach wie vor richtig, da Sie die geplante Zahl an produktiven Stunden auch weiter berechnen können. Vielleicht können Sie Ihren Erfolg dann sogar noch weiter steigern, indem Sie die gewonnene Zeit für neue Aufträge einsetzen.

3.4 Wie ermitteln Sie als Auftragsfertiger den Erfolg Ihrer Aufträge?

Unternehmen, die Einzelaufträge fertigen, wie das Bau- oder Baunebengewerbe, Schiffsbauer, Anlagenbauer oder Handwerksunternehmen, müssen jeden Auftrag einzeln kalkulieren. Das Kalkulationsschema ähnelt dem des Dienstleistungsunternehmens, da auch Dienstleistungen häufig Einzelaufträge darstellen. Es wird allerdings durch weitere Kostenpositionen ergänzt, die bei einem Dienstleistungsunternehmen nicht anfallen, wie z.B. Materialkosten und Fertigungskosten. Das Schema ist demnach eine Mischung aus dem Kalkulationsschema für die Massenproduktion und dem für Dienstleistungen. Einzelne Positionen können stärker untergliedert werden, wie z.B. die Materialkosten nach Materialarten, die Position Fremdleistungen nach unterschiedlichen Gewerken und die Personalkosten eigener Dienstleister nach unterschiedlichen Dienstleistungsarten.

Das Schema für die Produkterfolgsrechnung eines Einzelauftragsfertigers könnte demnach wie folgt aussehen: Checkpoint 5

Produkterfolgsrechnung Auftragsfertigung Checkpoint 1

	Euro
Umsatz	
Materialeinzelkosten (Holz)	
Materialeinzelkosten (Stahl)	
Materialeinzelkosten (sonstiges)	
Fremdleistungen (Schreinergewerk)	
Fremdleistungen (Metallgewerk)	
Fremdleistungen (sonstiges)	
Zeitarbeitskräfte	
Zwischensumme: »echte« Einzelkosten	
Personalkosten eigener Dienstleister (Stundenkostensatz 1)	
Personalkosten eigener Dienstleister (Stundenkostensatz 2)	
Personalkosten eigener Dienstleister (Stundenkostensatz 3)	
Zwischensumme: gesamte Einzelkosten	

PER Auftragsfertigung

	Euro
Personalkosten Verwaltung	
Mietkosten	
Kfz-Kosten	
Reisekosten	
Werbekosten	
Abschreibungen	
Reparatur-/Instandhaltungskosten	
sonstige betriebliche Kosten	
Zinskosten	
Steuern	
Zwischensumme: Gemeinkosten	
Gesamtkosten	
Produkterfolg	

Die weiteren Schritte für den Auftragsfertiger ergeben sich analog zu denen für das Produktions- und das Dienstleistungsunternehmen: Sie stellen für jeden Auftrag die Positionen nach den Wünschen der Kunden zusammen. Die Einzelkosten ermitteln Sie entsprechend der erforderlichen Menge an externen und internen Leistungen, bewertet mit festen Verrechnungssätzen. Die Gemeinkosten können Sie wie beim Produktionsunternehmen in vier nach Material, Fertigung, Verwaltung und Vertrieb untergliederten Zuschlägen mit unterschiedlichen Bezugsgrößen zurechnen, wenn der Gemeinkostenanteil hoch ist. Sie können sie aber auch wie beim Dienstleistungsunternehmen mit nur einer Bezugsgröße zuschlagen, wenn der Anteil eher gering ist.

Der gewünschte Preis pro Auftrag ergibt sich auf einem Verkäufermarkt aus den Gesamtkosten plus Gewinnzuschlag. Auf einem Käufermarkt wird der Preis vom Markt festgesetzt. Die Differenz zwischen Preis (Umsatz) und Gesamtkosten ergibt den Erfolg des Auftrags.

In Kapitel 7 werden die Produkterfolgsrechnungen noch einmal aufgegriffen und vertieft.

3.5 Zusammenführen der Produkterfolgsrechnungen – Umsatzkostenverfahren

Wenn für jedes Produkt und jede Dienstleistung eine eigene Erfolgsrechnung erstellt wurde, ist es ganz leicht, aus diesen einzelnen Teilerfolgsrechnungen die Gesamterfolgsrechnung des Unternehmens zu ermitteln. Sie nehmen sich jede einzelne Kalkulation auf Stückebene (oder Stundenebene) vor und multiplizieren die einzelnen Stückkosten und Stückpreise mit den entsprechenden Absatzmengen. Anschließend addieren Sie Position für Position die jeweils ermittelten Werte für jedes Produkt auf und erhalten so den Gesamtumsatz für das Unternehmen und die gesamten Umsatzkosten je Kostenart für das Unternehmen.

Ich betone noch einmal, dass es sich bei den gesamten Kosten, die durch das Aufaddieren der Kosten der einzelnen Produkte oder Dienstleistungen entstehen, nicht um die »Gesamtkosten« aus dem Gesamtkostenverfahren handelt, sondern um die gesamten »Umsatzkosten«.

Die Gesamtkosten im Gesamtkostenverfahren enthalten auch die Kosten für eine Produktion auf Lager, während die Umsatzkosten nur die Kosten für Produkte enthalten, die auch im selben Zeitraum verkauft wurden. Dadurch ersparen Sie sich im Umsatzkostenverfahren die Erfassung der Bestandsveränderungen.

Wollen Sie also »nur« das Monatsergebnis des Unternehmens kontrollieren, reicht das Gesamtkostenverfahren völlig aus. Wollen Sie dagegen zusätzlich wissen, wie sich dieses Monatsergebnis zusammensetzt, müssen Sie auf der Produktebene kalkulieren. Das Monatsergebnis, das sich dann aus der Summe der Produktergebnisse ermitteln lässt, ist demnach nur eine Art »Abfallprodukt« der aufwendigen Produkterfolgsrechnungen und nicht das Hauptziel der Anwendung. Die Konzentration des Umsatzkostenverfahrens liegt eindeutig auf den Produktergebnissen. Da die Ermittlung der Produktergebnisse relativ aufwendig ist, wird sie häufig – im Gegensatz zu den Monatsergebnissen – nur in größeren Zeitabständen (halbjährlich oder jährlich) durchgeführt.

Greifen wir noch einmal auf das Beispiel der Großbäckerei zurück, so können wir die Produkterfolgsrechnung verknüpfen mit der entsprechenden Absatzmenge, sagen wir 5 Mio. Brötchen. Wenn wir dann noch die Produkterfolgsrechnung für die Brezeln ergänzen, kommen wir in Summe zum Gesamt-Unternehmensergebnis. Die Kalkulation für die Brezeln haben wir in diesem Kapitel nicht einzeln ermittelt. Ich stelle sie hier einfach als gegeben neben die Brötchen-Kalkulation.

Produkterfolgsrechnungen und Unternehmenserfolgsrechnung

	Brötchen		Brezeln		Gesamt
	Absatz: 5 Mio.		**Absatz: 1 Mio.**		
	Euro pro 1.000 Brötchen	Euro Brötchen gesamt	Euro pro 1.000 Brezeln	Euro Brezeln Gesamt	
Umsatz	260,00	1.300.000	550,00	550.000	1.850.000
Materialeinzel-kosten	18,30	91.500	13,00	13.000	104.500
Materialgemein-kosten	3,66	18.300	2,60	2.600	20.900
Fertigungskosten	85,00	425.000	212,50	212.500	637.500
Zwischensumme: Herstellkosten	*106,96*	*534.800*	*228,10*	*228.100*	*762.900*
Vertriebskosten	85,57	427.850	182,48	182.480	610.330
Verwaltungskosten	21,39	106.950	45,62	45.620	152.570
Zwischensumme: Overheadkosten	*106,96*	*534.800*	*228,10*	*228.100*	*762.900*
Umsatzkosten	213,92	1.069.600	456,20	456.200	1.525.800
Produkt-/ Gesamterfolg	46,08	230.400	93,80	93.800	324.200
Produkterfolg für 1 Stück (gerundet)	0,05		0,09		

Dass wir insgesamt genau auf die Kosten kommen, die als Grundlage für die Kalkulation in Kapitel 3.2 verwendet wurden, ist natürlich kein Zufall. Und es gibt uns einen wichtigen Hinweis: Nur, wenn die »richtigen« Kalkulationswerte (tatsächliche Werte) bei der Zusammenfassung der Produktergebnisse zum Gesamt-Unternehmensergebnis mithilfe des Umsatzkostenverfahrens verwendet werden, kommt man zum richtigen Unternehmensergebnis. Dieses Ergebnis entspricht dann auch dem Ergebnis, das man mithilfe des Gesamtkostenverfahrens ermitteln würde. Werden dagegen Plan-Kalkulationen mit Ist-Absatzmengen verknüpft, erhält man ein Unternehmensergebnis, das von dem des Gesamtkostenverfahrens abweicht und inhaltlich nicht sinnvoll zu interpretieren ist. Weichen die Plan-Kalkulationen dauerhaft in die gleiche Richtung von den tatsächlichen Kalkulationswerten ab, gleichen sich also die positiven und die negativen Abweichungen im Durchschnitt eines Jahres nicht aus, dann müssen die Kalkulationswerte dringend überarbeitet werden.

Zusammenfassung   !

Es gibt drei gute Gründe, eine Produkterfolgsrechnung in Ihrem Unternehmen einzusetzen:

1. Sie hilft Ihnen, Verkaufspreise zu kalkulieren und festzustellen, mit welchen Produkten Sie einen Erfolg erwirtschaften.
2. Sie hilft Ihnen, Ihr Produktsortiment strategisch richtig zusammenzustellen.
3. Sie unterstützt Sie bei Make-or-Buy-(Outsourcing-)Entscheidungen.

Das Schema einer Produkterfolgsrechnung ist für Unternehmen aus allen Branchen ähnlich: Einzelkosten und Gemeinkosten werden getrennt voneinander erfasst. Bestimmte Gemeinkostenarten lassen sich »zu Einzelkosten machen« wie z.B. die Fertigungsgemeinkosten eines Produktionsunternehmens oder die Personalkosten der »eigenen Dienstleister« in einem Dienstleistungsunternehmen. Die restlichen Gemeinkosten werden den Produkten, Dienstleistungen oder Aufträgen über Zuschläge pauschal zugerechnet.

Das Kalkulationsschema für ein Unternehmen, das Einzelaufträge fertigt, stellt eine Mischung aus den beiden Kalkulationsschemata von Produktions- und Dienstleistungsunternehmen dar. Vorkalkulationen von Massenproduzenten werden einmalig erstellt und dann für jeden Auftrag wieder verwendet. Einzelauftragsfertiger erstellen grundsätzlich für jeden Auftrag ein neues Angebot. Dienstleistungsunternehmen kalkulieren Standarddienstleistungen einmalig wie der Massenfertiger und individuelle Einzeldienstleistungen jeweils einzeln wie der Einzelauftragsfertiger.

Checkliste: Produkterfolg

1. Regelmäßige Nachkalkulation von bereits abgearbeiteten Aufträgen

2. Festlegen von längerfristig gültigen Zuschlagsätzen für Gemeinkosten

3. Massenproduzenten: Vorkalkulationen in regelmäßigen Abständen überprüfen, Angebote mit festen Listenpreisen

4. Dienstleistungsunternehmen: Vorkalkulationen getrennt nach Standarddienstleistungen (wie 3) und individuellen Aufträgen (wie 5)

5. Einzelauftragsfertiger: Vorkalkulationen (Angebotskalkulationen) für jeden Einzelauftrag neu

4 Kostenstellen

4.1 Wozu Sie eine Kostenstellenrechnung benötigen

Haben Sie einmal ein Formel-1-Rennen im Fernsehen verfolgt? Dann haben Sie sicher auch schon einen Boxenstopp beobachtet, bei dem getankt wird und je nach Reglement auch die Reifen gewechselt werden. Ein guter Boxenstopp dauert zwischen sieben und zehn Sekunden. Haben Sie auch schon einmal einen missglückten Boxenstopp beobachtet? Der kann nämlich ganz schnell 30 Sekunden und länger dauern und insofern rennentscheidend sein.

Wovon hängt es ab, ob ein Boxenstopp gut oder schlecht funktioniert? Es kommt darauf an, dass jeder Mechaniker genau weiß, was er zu tun hat und dass er im entscheidenden Moment »parat« steht und seine Arbeit schnell und effizient erledigt. Außerdem muss es jemanden geben, der die Arbeiten koordiniert und ein Signal gibt, wenn alle fertig sind und der Fahrer starten kann. Dieser Mechaniker hat eine besondere Verantwortung. Dennoch ist auch die Leistung jedes Einzelnen wichtig und kommt dem Gesamtergebnis, der Platzierung im Rennen, zugute.

Auch in Ihrem Unternehmen geht es darum, Aufgaben zu erfüllen, die dem Unternehmen und damit allen zugutekommen. Erwarten Sie nicht, dass es hier – wie durch ein Wunder – ohne Regeln und Kompetenzzuweisungen funktioniert. In kleineren Unternehmen werden Aufgaben auf Einzelpersonen verteilt, in größeren Unternehmen auf ganze Abteilungen oder

Bereiche. Und immer muss es jemanden geben, der für die Aufteilung und die Erfüllung der zugeteilten Aufgaben verantwortlich ist. An ihn können Sie sich auch halten, »wenn der Fahrer schon losfährt, obwohl der Tankstutzen noch in der Tanköffnung steckt«.

Kurz gesagt: Sie brauchen klare Verantwortlichkeiten, wenn Sie ein Unternehmen nach wirtschaftlichen Gesichtspunkten steuern wollen. Eine Wirtschaftlichkeitskontrolle ist nur möglich, wenn Sie die Stellen, in denen ein großer Teil Ihrer Kosten entsteht, nämlich die Kostenstellen, klar abgrenzen. Und um die Ergebnisse Ihrer Wirtschaftlichkeitskontrolle auch an die Frau oder an den Mann bringen zu können, müssen Sie eine(n) Verantwortliche(n) bestimmen. Diese(n) können Sie für seinen (ihren) Erfolg – der gleichzeitig der Erfolg des Unternehmens ist – belohnen und damit weiter zu wirtschaftlichem Handeln motivieren.

Wenn Sie eine Basis für Ihre Preiskalkulationen benötigen, müssen Sie wissen, welche Kosten von Ihren Produkten oder Dienstleistungen **insgesamt** verursacht werden. Dazu genügt es nicht – wie Sie bereits bei der Kalkulation der Kosten für die Brötchen erfahren haben – nur die Kosten zu erfassen, die direkt durch die Produkte entstehen und sich ihnen deshalb einfach und verursachungsgerecht zuordnen lassen. Sie müssen auch die Kosten auf die Produkte verteilen, die in den Kostenstellen entstehen und sich nicht verursachungsgerecht direkt zurechnen lassen. Wenn Sie jedes Rennen als ein »Produkt« des anfangs genannten Formel-1-Rennstalls ansehen, lassen sich die Benzinkosten diesem Produkt als Einzelkosten direkt zurechnen wie die Kosten für Mehl, Wasser, Salz etc. in der Bäckerei.

Die Kosten für die Mechaniker lassen sich nicht einem Rennen direkt zurechnen, weil das Personal auch außerhalb des Rennens tätig ist. Diese Gemeinkosten entstehen in den Kostenstellen, werden dort gesammelt und anschließend über eine Schlüsselung auf die Produkte verteilt, so wie das in Kapitel 3 bereits geschildert wurde. Dort habe ich die in der Literatur üblicherweise für die Schlüsselung verwendeten Kostenstellen Material, Fertigung, Verwaltung und Vertrieb herangezogen. Tatsächlich existieren aber in Unternehmen häufig sehr viel mehr Kostenstellen, sodass auch die Anzahl der Schlüssel zur Verrechnung von Gemeinkosten auf Produkte größer sein kann. Neben diesen sogenannten Hauptkostenstellen gibt es auch noch

Hilfskostenstellen, deren Leistungen nicht direkt den Produkten zugerechnet werden, sondern über die »innerbetriebliche Leistungsverrechnung« (s. Kapitel 5.1) zunächst auf die Hauptkostenstellen umgelegt werden, bevor dann die gesamten Kosten der Hauptkostenstellen (inkl. der zugerechneten Kosten von den Hilfskostenstellen) für die Schlüsselung benutzt werden.

Wenn Sie eine Kostenstellenrechnung neu aufbauen, sollten Sie als Erstes die Frage beantworten, welche Kostenstellen Sie brauchen, damit das Unternehmen wirtschaftlich gesteuert werden kann. Das wichtigste Kriterium, um Kostenstellen zu bilden, ist die klare und eindeutige Zuordnung von Verantwortung. Das heißt, eine Kostenstelle sollte so definiert werden, dass Sie die Leitung der Kostenstelle und damit die Verantwortung für die wirtschaftliche Führung der Kostenstelle einer bestimmten Person zuordnen können. So können Sie Ziele für die Kostenstelle vereinbaren, das erzielte Ergebnis später messen und den Kostenstellenverantwortlichen an dem erzielten Ergebnis beteiligen.

Check-
point 1

Kostenstellen zu bilden, ist nicht sehr kompliziert. Jedes Unternehmen bildet Kostenstellen nach seinem spezifischen Bedarf. Die gängige, in Lehrbüchern zur Kostenrechnung vorgestellte Unterteilung habe ich bereits verwendet; Sie eignet sich besonders für Produktionsunternehmen.

Beispiel: Kurzorganigramm eines Produktionsunternehmens   **!**

Geschäftsführung			
Material-KSt.	Fertigungs-KSt.	Vertriebs-KSt.	Verwaltungs-KSt.

In einem Handelsunternehmen würde man möglicherweise mehrere Kostenstellen für den Materialbereich bilden, z.B. je eine eigene Kostenstelle für den Einkauf, das Lager etc. Vielleicht werden aber auch Einkauf und Verkauf in Personalunion vom gleichen Mitarbeiter geleitet, sodass daraus eine gemeinsame Kostenstelle gebildet werden könnte. Ebenso könnte die Vertriebskostenstelle in eine Marketing- und eine Vertriebsstelle aufgegliedert werden. Eine Fertigungskostenstelle macht bei Handelsunternehmen dagegen keinen Sinn.

! **Beispiel: Kurzorganigramm eines Handelsunternehmens**

Geschäftsführung			
Einkauf	Lager	Marketing	Vertrieb

Bei Dienstleistungsunternehmen entfällt normalerweise die Materialkostenstelle, weil wenig Material verbraucht wird. Außerdem würde statt einer Fertigungskostenstelle vielleicht eine Kostenstelle für das gesamte Dienstleistungspersonal eingerichtet werden (Kostenstelle »Eigene Dienstleister«).

! **Beispiel: Kurzorganigramm eines Dienstleistungsunternehmens**

Geschäftsführung			
Eigene Dienstleister	Marketing	Vertrieb	Verwaltung

Letztlich gibt es keine feste Vorgabe, die für alle Unternehmen gültig ist. Wenn Sie sich an das Prinzip der Abgrenzung nach Verantwortung halten, werden Sie aber sicher eine sinnvolle Aufteilung für Ihr Unternehmen finden. Jede Kostenstelle erhält eine Kennnummer zur Identifizierung, um die Zuordnung der Kosten zu den Kostenstellen zu vereinfachen (vgl. das folgende Kapitel zur »Kontierung«).

4.2 Wie erfassen Sie die Kostenstellenkosten?

Welche Kosten werden in Ihrem Unternehmen als Einzelkosten direkt den Produkten oder Dienstleistungen zugerechnet und welche Kosten sammeln Sie als Gemeinkosten in den Kostenstellen? Check-point 2

Am besten, Sie beginnen mit einer Liste der Kostenarten. Hier werden die Kosten des Betriebs nach Art ihrer Entstehung einfach nacheinander aufgeführt (vgl. folgende Tabelle). Dann entscheiden Sie sich bei jeder Position, ob Sie sie als Einzelkosten oder als Gemeinkosten führen wollen.

Liste möglicher Kostenarten
Materialkosten Handelswaren Fremdleistungen
Personalkosten
Mietkosten
Energiekosten
Kfz-Kosten
Reisekosten
Werbekosten
Verpackungskosten
Abschreibungen
Reparatur-, Instandhaltungskosten
Kosten für Büromaterial, Telefon, Porto etc.
Kosten für Rechts- und Unternehmensberatung
Versicherungsbeiträge
sonstige betriebliche Kosten
Zinskosten
Steuern

Kosten-arten

Die erste Position in der Liste:»Materialkosten, Handelsware und Fremd-leistungen« ist direkt Produkten oder Dienstleistungen zuzurechnen. Daher ist hier die Entscheidung zwischen Einzel- und Gemeinkosten einfach. Es sind Einzelkosten, die Sie aus den Rechnungen Ihrer Lieferanten entnehmen oder mithilfe von Stücklisten und Einkaufspreisen den Produkten zuordnen können.

Alle anderen Kostenarten, wie Personalkosten, Mietkosten etc., sind zu-nächst erst einmal Gemeinkosten, da nicht sofort klar ist, wie hoch ihr ge-nauer Anteil an den Produkten oder Dienstleistungen ist. Einige dieser Ge-meinkosten lassen sich aber mit einem gewissen organisatorischen Aufwand »zu Einzelkosten machen«, wie Sie das bei den Personalkosten der Fertigung bei der Bäckerei schon gesehen haben.

Andere Personalkosten, wie z.B. die Kosten für Verwaltungsmitarbeiter, las-sen sich den Produkten oder Dienstleistungen auch nicht über Stundenauf-schreibungen zurechnen, weil die Arbeit, die diese Mitarbeiter erbringen, für alle Aufträge anfällt und nicht auf einzelne Aufträge aufgeteilt werden kann. Diese Kosten bleiben Gemeinkosten und können später nur über pau-schale Schlüsselungen zugerechnet werden.

Neben den Personalkosten der Mitarbeiter, die die eigentliche Produktion oder Dienstleistung erbringen, kann es noch weitere Kostenarten geben, bei denen es mit geringem Aufwand möglich ist, sie direkt zuzuordnen. So lassen sich z.B. Reise- oder Werbekosten, die ausschließlich für die Abwick-lung eines bestimmten Kundenauftrags angefallen sind, diesem auch direkt zuordnen.

Check-point 3   Letztlich bleibt es Ihnen nicht erspart zu entscheiden, welche Kosten Sie in Ihrem Unternehmen direkt zuordnen können und ob der dafür nötige Auf-wand vertretbar ist.

Wenn Sie z.B. als Dienstleister die Reisekosten einzelnen Aufträgen zuord-nen wollen, müssen Sie Ihre Mitarbeiter dazu anhalten, ihre jeweiligen Reise-kosten nach Aufträgen differenziert zu erfassen, d.h. Sie brauchen Formu-lare oder eine DV-technische Lösung, mit deren Hilfe jeder Reisekostenbeleg (Fahrkarte, Abrechnung Reisebüro etc.) eindeutig einem Auftrag zugeordnet werden kann. Diese Zuordnung nennt man »Kontierung«: Jeder Auftrag erhält eine laufende Kennnummer, die auf dem entsprechenden Kostenbeleg (z.B. Rechnung) vermerkt wird und die zusammen mit dem Kostenbeleg gebucht wird.

Dennoch werden Reisekosten übrig bleiben, die sich nur schwer oder gar nicht einzelnen Aufträgen zurechnen lassen, wie z.B. für Reisen, die im Rahmen von Akquisetätigkeiten angefallen sind, die aber nicht zu einem Auftrag geführt haben. Oder Ihre Vertriebsleute betreiben Kundenpflege, indem sie einmal im Jahr ihre Stammkunden besuchen, ohne dass aus diesem Besuch immer ein konkreter Auftrag hervorgeht. Diese Kosten müssen weiterhin als Gemeinkosten auf einer Kostenstelle gebucht werden und können nicht zu Einzelkosten gemacht werden.

Für ein und dieselbe Kostenart darf es aber nicht zwei verschiedene Kontierungen geben, im einen Fall die Zuordnung zu einem Auftrag und im anderen zu einer Kostenstelle. Sie laufen sonst Gefahr, die Kosten einmal als Einzelkosten (für den Auftrag) und ein weiteres Mal als Gemeinkosten (in der Kostenstelle) zu erfassen. Sie können diese Fehlerquelle, die Kosten doppelt zu erfassen, vermeiden, indem Sie zwei Kostenarten für die Reisekosten bilden, nämlich »Reisekosten für Aufträge« und »Reisekosten für Kostenstelle«. Immer wenn Reisekosten für einen speziellen Auftrag gebucht werden sollen, muss die erste Kostenart gewählt werden, immer wenn sie für eine Kostenstelle gebucht werden sollen, müssen Sie die zweite wählen.

Neben den Einzelkosten, die sich leicht Aufträgen oder Produkten zurechnen lassen, und den Gemeinkosten, »die sich zu Einzelkosten machen lassen«, verbleiben schließlich die Gemeinkosten, die sich gar nicht oder zumindest nicht mit vertretbarem Aufwand zu Einzelkosten machen lassen. Diese Kosten werden zunächst nur auf den Kostenstellen gebucht, um später über pauschale Schlüsselungen zugerechnet zu werden.

4.3 Voraussetzungen für eine wirksame Wirtschaftlichkeitskontrolle

Wenn die Einzelkosten und die Gemeinkosten an der richtigen Stelle gesammelt sind (Einzelkosten bei den Produkten oder Dienstleistungen, Gemeinkosten in den Kostenstellen), kann die Wirtschaftlichkeitskontrolle der Einzelkosten bei den Produkten bzw. Dienstleistungen (s. Kapitel 3 und 6) und die Wirtschaftlichkeitskontrolle der Gemeinkosten in den Kostenstellen erfolgen. Die folgende Tabelle zeigt ein Beispiel für ein Kostenstellenergebnis.

!

Beispiel
Kosten-
stelle

Beispiel: Kostenstelle 540: Kalkulationsabteilung

Kostenarten	Januarwerte (in Euro)
Personalkosten	**56.000**
Mietkosten	2.000
Energiekosten	200
Kfz-Kosten	500
Reisekosten	800
Werbekosten	0
Verpackungskosten	0
Abschreibungen	2.000
Reparatur-, Instandhaltungskosten	0
Kosten für Büromaterial, Telefon, Porto etc.	4.400
Kosten für Rechts- und Unternehmensberatung	0
Versicherungsbeiträge	0
sonstige betriebliche Kosten	3.800
Zinskosten	0
Steuern	0
Summe Sachkosten	**13.700**
Summe primäre Kosten	**69.700**

Bei dieser Beispielkostenstelle handelt es sich um eine Kalkulationsabteilung. Eine Vertriebskostenstelle hätte vermutlich höhere Reisekosten und auch höhere Werbekosten. Eine Verwaltungskostenstelle hätte vielleicht höhere Rechts- und Beratungskosten, eine Fertigungskostenstelle höhere Energiekosten usw. Die aufgeführten Kostenarten sind die gleichen wie in der Unternehmenserfolgsrechnung (vgl. Kapitel 2), nicht in jeder Kostenstelle sind alle Positionen ausgefüllt. Die Position »primäre Kosten« enthält alle Kosten, die der Kostenstelle direkt zugeordnet wurden.

Eine Kostenstelle kann einer von drei Kategorien zugeordnet werden: Cost Center, Profit Center oder Service Center:

Kategorien von Kostenstellen

Cost Center	Profit Center	Service Center
verursacht ausschließlich Kosten	verursacht Kosten und erwirtschaftet Erträge	verursacht ausschließlich Kosten, erbringt Leistungen an andere Kostenstellen
wird über Kostenbudgets gesteuert	wird über Erfolgsvorgaben gesteuert	wird über interne Erfolgsvorgaben gesteuert

4.3.1 Cost Center

Cost Center nennt man Kostenstellen, die ausschließlich Kosten verursachen und keine eigenen Erträge erwirtschaften. Besonderes Kennzeichen der Cost Center ist, dass ein Kostenbudget für die jeweils nächste Abrechnungsperiode erstellt wird. Genauso plant z. B. jeder Formel-1-Rennstall die Anzahl der benötigten Mechaniker für die nächste Rennsaison und legt ein Personalkostenbudget dafür fest. Dieses Budget orientiert sich zwar an den Erfahrungen der vergangenen Abrechnungsperioden, ist aber letztlich in die Zukunft gerichtet, d.h. alle geplanten Veränderungen (z.B. Umsatzwachstum, Kostenreduktion) müssen berücksichtigt werden. Das Budget stellt insofern immer auch eine Zielvorgabe dar.

Am Ende der Abrechnungsperiode erfolgt die Wirtschaftlichkeitskontrolle, d. h. es wird festgestellt, ob das Budget eingehalten wurde. Dazu werden den budgetierten Kosten für jede Kostenart die tatsächlich entstandenen Kosten gegenübergestellt und die ggf. vorhandenen Abweichungen zwischen beiden ermittelt.

!

Beispiel für die Wirtschaftlichkeitskontrolle bei einem Cost Center:

In der folgenden Tabelle ist das Kostenbudget (Planwerte) der Kostenstelle 540 den tatsächlichen Istzahlen des Monats Januar gegenübergestellt. Außerdem wurde die Abweichung zwischen dem Budget und den tatsächlichen Werten festgehalten.

Kostenstelle 540: Monat Januar

Budget Kostenstelle

Kostenarten	Budget (Euro)	Ist (Euro)	Abw. (Euro)
Personalkosten	57.200	56.000	– 1.200
Mietkosten	2.000	2.000	0
Energiekosten	200	200	0
Kfz-Kosten	600	500	– 100
Reisekosten	1.000	800	– 200
Werbekosten	0	0	0
Verpackungskosten	0	0	0
Abschreibungen	2.000	2.000	0
Reparatur-, Instandhaltungskosten	0	0	0
Kosten für Büromaterial, Telefon, Porto etc.	3.950	4.400	450
Kosten für Rechts- und Unternehmensberatung	0	0	0
Versicherungsbeiträge	0	0	0
sonstige betriebliche Kosten	3.500	3.800	300
Zinskosten	0	0	0
Steuern	0	0	0
Summe Sachkosten	**13.250**	**13.700**	**450**
Summe primäre Kosten	**70.450**	**69.700**	**– 750**

Das Budget wurde um 750 Euro unterschritten. Jetzt folgt die schwierige Frage der Interpretation: Hat der Cost-Center-Leiter gut gewirtschaftet? Oder wurde das Budget »mit breitem Daumen« zu großzügig geplant? Je genauer und realistischer die Planung ist, umso besser lässt sich der Erfolg dem Cost-Center-Leiter zuordnen. Auch die Analyse der Einzelpositionen gibt genauere Aufschlüsse. Die Analyse der Ursachen für die Abweichungen ist letztlich dafür entscheidend, die Wirtschaftlichkeit eines Cost Centers und damit auch den Cost-Center-Leiter zu beurteilen. Wird dieser erfolgsorientiert entlohnt, erhält er eine Prämie, wenn er das festgelegte Budget unterschreitet.

In Kapitel 8.8 wird im Rahmen der Planung/Budgetierung weiter ausgeführt, dass die reine Abweichungsanalyse zwischen dem Budget und den Istwerten, wie sie in der obigen Tabelle gezeigt ist, nicht ausreicht, sondern den Ursachen für eine Unter-, aber natürlich auch für eine Überschreitung des Budgets nachgegangen werden muss. Eine Überschreitung muss z. B. nicht zwangsläufig mit Unwirtschaftlichkeiten des Cost Centers verbunden sein und damit dem Cost-Center-Leiter angelastet werden. Es könnte auch sein, dass dem Cost Center höhere Leistungen abgefordert worden sind. Eine solche Überschreitung des Budgets ist in der Regel nicht dem Cost-Center-Leiter (zumindest nicht ihm alleine) anzulasten.

4.3.2 Profit Center

Kostenstellen, die eigene Erträge von außen (Kunden) erwirtschaften, wie z. B. Vertriebskostenstellen, werden als Profit Center bezeichnet. In der Praxis werden Profit Center deshalb häufig nicht als Kostenstellen geführt, obwohl es sich meist um Abteilungen mit einer festen Mitarbeiterzuordnung handelt, sondern sie werden als »Kostenträger« geführt. Die Aspekte, die die Profit Center als eine spezielle Art von Kostenstellen betreffen, werden hier erläutert. Die Aspekte, die sie als Kostenträger betreffen, werden in Kapitel 6 erarbeitet.

In einem Profit Center werden zunächst die Erträge gesammelt, die das Profit Center mit den von ihm vertriebenen Produkten oder Dienstleistungen erwirtschaftet. Diesen Erträgen werden die direkten Kosten der Produkte oder Dienstleistungen gegenübergestellt. Das sind die Einzelkosten der Produkte

Check-point 5

oder Dienstleistungen, die diesen Leistungen verursachungsgerecht zugeordnet werden können. Zusätzlich werden die Personalkosten und Sachkosten des Profit Centers genauso wie im Cost Center gesammelt.

Wie eine solche Profit-Center-Darstellung aussehen könnte, ist in der folgenden Tabelle verkürzt dargestellt:

Profit Center: Kostenstelle 550

Gesamtumsatz des Profit Centers	
– direkt zurechenbare Produktkosten (Einzelkosten)	
– Personalkosten	
– Mietkosten	
– Energiekosten	
...	
– Zinskosten	
– Steuern	
– Summe Sachkosten	
= Erfolg des Profit Centers	

Die Wirtschaftlichkeit von Profit Centern wird demnach nicht über Kostenbudgets gesteuert, sondern über die Beurteilung ihrer eigenen Teilerfolgsrechnungen und den von ihnen selbst erwirtschafteten Erfolg. In Kapitel 6 wird die Profit-Center-Erfolgsrechnung ausführlich erläutert.

4.3.3 Service Center

Eine Zwischenstufe zwischen Cost Centern und Profit Centern sind die Service Center. Hierbei handelt es sich um Kostenstellen, die zwar keine externen Erträge mit Kunden erwirtschaften, aber Leistungen für andere Kostenstellen erbringen. Die Leistungsempfänger sind »interne Kunden« der Service Center: Eine Konstruktionsabteilung als Service Center könnte z. B. Konstruktionspläne für den Vertrieb erstellen.

Um diese Service Center richtig steuern zu können, müssen die Leistungen, die sie erbringen, bewertet und an diejenigen Kostenstellen weiterverrechnet werden, die die Leistungen in Anspruch nehmen. Die leistenden Kostenstellen müssen eine entsprechende Entlastung erhalten. Diese Verrechnung von Kosten nennt man »interne Leistungsverrechnung«. Sie kann durch Kostenüberwälzung oder mithilfe fester Verrechnungspreise erfolgen, was ich im folgenden Kapitel 5 näher erläutere. Außerdem werde ich in diesem Kapitel auf die Verrechnungspreis-Problematik bei einer Leistungsverrechnung zwischen verbundenen Unternehmen eines Konzerns eingehen. Checkpoint 6

Zusammenfassung !

Kostenstellen sind ein notwendiges Instrument zur Steuerung eines Unternehmens, weil sie Verantwortlichkeiten definieren und damit die Möglichkeit für eine wirksame Wirtschaftlichkeitskontrolle schaffen. Außerdem benötigt man Kostenstellen, um die Gemeinkosten auf Produkte oder Dienstleistungen weiterzuverrechnen.

Im Vorfeld ist es notwendig, zu entscheiden, welche Kosten im Unternehmen als Einzelkosten und welche als Gemeinkosten angesehen werden sollen, da es organisatorischen Aufwand bedeutet, Einzelkosten zuzuordnen. Außerdem müssen die zwischen den Kostenstellen ausgetauschten internen Leistungen verursachungsgerecht zugerechnet werden.

Bei der Weiterverrechnung der Gemeinkosten auf die Produkte oder Dienstleistungen ist die Wahl der »richtigen« Bezugsgrößen zur Bestimmung von Zuschlagsätzen eine nicht lösbare Aufgabe. Man kann nur versuchen, sich dem Ziel der verursachungsgerechten Zuordnung anzunähern. Eine Alternative stellt die sogenannte »Prozesskostenrechnung« dar, die allerdings sehr aufwendig ist und daher nur in besonders wichtigen Bereichen eingesetzt wird.

Checkliste: Kostenstellen

1. Kostenstellen nach Verantwortlichkeiten einrichten

2. Festlegen, welche Kostenarten als Einzelkosten und welche als Gemeinkosten behandelt werden sollen

3. Organisieren des Kontierungsvorgangs

4. Formular für die Kostenstellenübersicht erstellen

5. Sammeln der Gemeinkosten auf den Kostenstellen

6. Interne Leistungsverrechnung

5 Verrechnungspreise

5.1 Leistungsverrechnung zwischen Kostenstellen

Die Leistungsverrechnung zwischen verschiedenen Kostenstellen erfolgt in der Regel auf eine der zwei im Folgenden geschilderten Arten: Entweder werden die gesamten Kosten der leistenden Kostenstellen an die empfangenden Kostenstellen weitergegeben, so wie sie angefallen sind. Oder man verrechnet die Leistungen zu festen Verrechnungspreisen. Im zweiten Fall ist es möglich, dass mehr oder weniger Kosten weitergegeben werden, als tatsächlich angefallen sind.

Nach der ersten Methode ermittelt man für jede innerbetriebliche Leistung einen sogenannten »Kostenpreis«, indem man die Gesamtkosten der Kostenstelle durch die Gesamtleistung der Kostenstelle dividiert:

Kostenpreis = Gesamtkosten : Gesamtleistung

Nach der zweiten Methode legt man einen festen Verrechnungspreis für jede Leistung fest. Dabei kann man sich an den tatsächlichen Kosten aus der Vergangenheit oder z.B. auch an externen Marktpreisen für diese Leistung orientieren. Das Ziel dieser von den tatsächlichen Kosten abweichenden Preissetzung ist immer ein Steuerungs-, also ein Controlling-Ziel. Das heißt: Man will eine bestimmte Form der Leistungsweitergabe zwischen den Kostenstellen unterstützen.

Beispiel zur internen Leistungsverrechnung (1. Kostenweitergabe):

Eine Kalkulationsabteilung gibt Leistungen in Form von Arbeitsstunden an andere Kostenstellen ab. Sie erstellt z.B. Kalkulationen für den Vertrieb, damit dieser Angebote an Kunden versenden kann. Dem Vertrieb werden diese Leistungen dann belastet.

Die gesamten Kosten der Kalkulationsabteilung betragen 70.000 Euro. Wenn die Abteilung im Januar insgesamt 1.000 Arbeitsstunden an andere Kostenstellen geleistet hat, ergibt sich der Stundensatz für diese Leistungen bei reiner Kostenweitergabe durch Division der Gesamtkosten durch die geleisteten Stunden, also:

70.000 Euro : 1.000 Stunden = 70,00 Euro/Stunde.

Jede Kostenstelle, die Leistungen von der Kalkulationsabteilung in Anspruch genommen hat, bekommt pro Stunde 70,00 Euro dafür berechnet.

!

Check-
point 1

Hat die Kalkulation z.B. im Januar 500 Stunden für den Vertrieb aufgewendet, so bekommt der Vertrieb 500 x 70,00 Euro, also 35.000 Euro, von der Kalkulation berechnet. Diese Kosten nennt man »sekundäre Kosten«. Im Ergebnis werden so alle in der Kalkulationsabteilung entstandenen Kosten an andere Kostenstellen weitergegeben. Bei entsprechender Entlastung der Kalkulationsabteilung verbleiben hier nach der internen Leistungsverrechnung keine Kosten mehr.

Erfolgt die Leistungsabgabe nicht nur in eine Richtung, sondern sind manche Kostenstellen gleichzeitig leistende und empfangende Kostenstellen, muss der Kostenpreis für die Verrechnung der Leistungen mithilfe eines Gleichungssystems errechnet werden, damit gewährleistet ist, dass in dem Kostenpreis auch die Kosten enthalten sind, die die leistende Kostenstelle selbst an andere leistende Kostenstellen bezahlen muss[2].

Interne Leistungsverrechnung: Kostenweitergabe

Kostenstelle Kalkulation	Leistungsverrechnung	Kostenstelle Vertrieb
primäre Kosten: 70.000 Euro		primäre Kosten: 103.000 Euro
Entlastung durch Vertrieb: 35.000 Euro	Weitergabe von 500 Std. à 70,00 Euro/Std.	Belastung durch Kalkulation = sekundäre Kosten: 35.000 Euro
Entlastung durch andere: 500 Std. x 70,00 Euro/Std. = 35.000 Euro	Weitergabe von 500 Std. à 70,00 Euro/Std.	
Gesamtkosten: 0 Euro		Gesamtkosten: 138.000 Euro

Wollen Sie Ihre Kostenstellen nach wirtschaftlichen Gesichtspunkten steuern, ist die Methode der reinen Kostenweitergabe **nicht** empfehlenswert. Keine Kostenstelle, weder die leistende noch die empfangende, hat unter diesen Umständen einen Anreiz, sich wirtschaftlich zu verhalten: Die leistende Kostenstelle weiß, dass sie **alle** ihre Kosten abgeben wird, egal wie

---

2 Nähere Erläuterungen zu Verfahren der innerbetrieblichen Leistungsverrechnung mit Kostenüberwälzung findet man in jedem Kostenrechnungs-Buch.

hoch sie sind, da der Preis für die Leistungen nach den tatsächlich entstandenen Kosten bestimmt wird (Kostenpreis).

Wenn die empfangende Kostenstelle sparen will, indem sie ihren Verbrauch an internen Leistungen zurückschraubt, führt dies lediglich dazu, dass die leistende Kostenstelle insgesamt weniger Leistungen abgeben kann. In der Folge muss der Kostenpreis pro Stunde heraufgesetzt werden, damit sie trotzdem alle Kosten »loswird«. Die empfangende Kostenstelle kann durch eine geringere Inanspruchnahme von Leistungen die ihr zugerechneten Kosten also nicht entsprechend senken.

Wenn Sie in dieser Situation den Markt nach außen öffnen, sodass alle Kostenstellen Leistungen auch von externen Anbietern einkaufen dürfen, kann Folgendes passieren: Wenn der Kostenpreis der leistenden Kostenstelle höher ist als der externe Marktpreis, wird **automatisch** eine Kostenstelle nach der anderen von außen einkaufen, weil das preiswerter ist. Das ist eine sogenannte »Make-or-Buy-Entscheidung«, die **für** »Buy«, d.h. den externen Zukauf, ausfällt. In der Folge werden intern immer weniger Leistungen abgenommen. Dadurch steigt der interne Kostenpreis noch weiter, bis schließlich gar keine Leistungen mehr intern abgenommen werden und die ursprünglich leistende Kostenstelle überflüssig wird. Das käme einem dauerhaften »Outsourcing« gleich: Die Leistungen dieser Abteilung würden komplett an Fremdfirmen vergeben.

Als Controller oder Geschäftsführer müssen Sie sich darüber im Klaren sein, dass Sie eine Kostenstelle **automatisch** demontieren, wenn Sie die Kostenweitergabe zu Kostenpreisen praktizieren, der interne Kostenpreis über dem externen Marktpreis liegt und Sie den Markt nach außen öffnen. Das Ergebnis ist ein schleichendes, aber ein zwangsläufiges Outsourcing.

Natürlich kann dieses Outsourcing auch gewünscht sein, insbesondere, wenn es um Leistungen geht, die nicht zum Kerngeschäft des Unternehmens gehören. Vor einer solchen Entscheidung sollten Sie aber sehr genau prüfen, ob Sie nicht »Äpfel mit Birnen« vergleichen. Stellen Sie sich die Frage, ob Ihre internen Kosten wirklich **komplett** wegfallen, wenn Sie die Abteilung schließen und die Leistungen nur noch extern einkaufen. Weiterführende Erläuterungen zu diesem Thema finden Sie in Kapitel 7.4.

!

Beispiel zur internen Leistungsverrechnung (2. Feste Verrechnungspreise):

Die Kalkulationsabteilung gibt ihre Leistungen zu einem festen Verrechnungspreis ab, der an den externen Marktpreis angelehnt wurde. Er beträgt 60 Euro/Stunde. Jede Stunde, die die Kalkulation an eine andere Kostenstelle abgibt, wird folglich mit 60 Euro/Std. berechnet. Das heißt, die Vertriebskostenstelle »zahlt« für die Abnahme von 500 Stunden im Monat Januar 30.000 Euro. Die Kalkulationsabteilung wird entsprechend entlastet.

Die Kalkulationsabteilung hat im Januar insgesamt 1.000 Stunden an andere Kostenstellen geleistet. Sie verrechnet deshalb insgesamt 60.000 Euro (1.000 Std. x 60 Euro/Std.) an andere Kostenstellen weiter und wird entsprechend entlastet. Damit verbleibt der Kalkulationsabteilung ein »Verlust« in Höhe von 10.000 Euro.

Interne Leistungsverrechnung: feste Verrechnungspreise

Kostenstelle Kalkulation	Leistungsverrechnung	Kostenstelle Vertrieb
primäre Kosten: 70.000 Euro		primäre Kosten: 103.000 Euro
Entlastung durch Vertrieb: 30.000 Euro	Weitergabe von 500 Std. à 60,00 Euro/Std.	Belastung durch Kalkulation = sekundäre Kosten: 30.000 Euro
Entlastung durch andere: 500 Std. x 60 Euro/Std. = 30.000 Euro	Weitergabe von 500 Std. à 60,00 Euro/Std.	
Verlust: 10.000 Euro		Gesamtkosten: 133.000 Euro

Den Verlust eines Service Centers nennt man »Unterdeckung«. Das bedeutet, dass die Kostenstelle weniger Kosten weiterverrechnen konnte, als tatsächlich angefallen sind. Wenn es sich dabei um eine Kostenstelle handelt, deren Kosten später über pauschale Zuschläge auf die Produkte oder Dienstleistungen weiterverrechnet werden, werden die übrig bleibenden Kosten über diesen Weg in die Gesamterfolgsrechnung eingerechnet. Wenn es sich aber um eine Kostenstelle handelt, die nur über andere Kostenstellen weiterverrechnet wird und nicht auf die Produkte oder Dienstleistungen, bleibt die Unterdeckung bestehen und die Kosten fehlen später in der Erfolgsrechnung. Der dort ermittelte Gesamtunternehmenserfolg sieht demnach höher aus, als er tatsächlich ist. Wenn Sie den Unternehmenserfolg als Summe der Teilerfolge von Produkten oder Dienstleistungen ermitteln (vgl. Kapitel 7.5), müssen Sie diese Differenz korrigieren, d. h. die fehlenden Kosten nachträglich einfügen. Entsprechend sind eventuelle Überdeckungen zu korrigieren. Dieser Korrekturbedarf ist ein Nachteil bei der Verwendung fester Verrechnungssätze, den man aber in Kauf nimmt, weil man dafür eine Steuerungsmöglichkeit hinzugewinnt.

Zusammenfassung   !

Die reine Kostenweitergabe zu Kostenpreisen ist kein geeignetes Mittel, um Ihre Abteilungen zu wirtschaftlichem Verhalten anzuleiten. Die Alternative lautet: feste Verrechnungspreise. Hiermit lassen sich die Kostenstellen zur Wirtschaftlichkeit anleiten.

5.2 Leistungsverrechnung zwischen verbundenen Unternehmen

Handelt es sich bei den Waren oder Dienstleistungen austauschenden Organisationen nicht um die Abteilungen ein und desselben Unternehmens, sondern um über eine »Konzernmutter« miteinander verbundene Unternehmen oder Betriebsstätten[3], so ist zusätzlich zu den Steuerungszielen auf gesetzliche Vorschriften zu achten, die z.B. verhindern sollen, dass verdeckte Gewinnausschüttungen passieren. In Deutschland betrifft dies nur grenzüberschreitende Aktivitäten. In vielen anderen Ländern gelten diese gesetzlichen Einschränkungen aber auch für Gesellschaften, die im selben Land ihren Sitz haben.

Bei der Darstellung der internen Leistungsverrechnung zwischen Kostenstellen habe ich darauf hingewiesen, dass eine Verrechnung in Form einer Kostenüberwälzung (aus Controlling-Sicht) nicht sinnvoll erscheint, da so weder die leistende noch die empfangende Kostenstelle zu wirtschaftlichem Verhalten angeregt wird. Das gilt aus Controlling-Sicht auch für das Verhalten von verbundenen Unternehmen untereinander. Da hier aber – im Gegensatz zu der innerbetrieblichen Leistungsverrechnung – gesetzliche Vorschriften zu beachten sind, sind die Möglichkeiten der Gestaltung von Verrechnungspreisen eingeschränkt. Es haben sich daher verschiedene Methoden etabliert, die in erster Linie auf die Einhaltung der gesetzlichen Vorschriften abzielen und erst in zweiter Linie die Steuerungsmöglichkeiten im Sinne des Controllings berücksichtigen (können).

Zur Erklärung der Intention der gesetzlichen Vorschriften nur ein ganz kurzes Beispiel:

! **Beispiel zur Intention der gesetzlichen Vorschriften:**
Angenommen, eine Tochtergesellschaft in einem Land mit einem hohen Steuersatz leistet an eine Tochtergesellschaft, die in einem Land mit einem niedrigen Steuersatz ihren Sitz hat. Wenn die leistende Tochtergesellschaft nun einen sehr

---

3   Es geht hier um Leistungen zwischen zwei Tochtergesellschaften derselben Konzernmutter oder um Leistungen zwischen Konzernmutter und einer Tochtergesellschaft oder zwischen Stammhaus und einer Betriebsstätte.

niedrigen Verrechnungspreis berechnet, dann liegt aus Sicht des Finanzamtes der Verdacht nahe, dass es sich hier um eine »Verschiebung« von Einkünften zum Zweck der Steuerersparnis handelt. Die leistende Gesellschaft erhält niedrige Einkünfte und zahlt daher trotz des hohen Steuersatzes nur wenig Steuern, während die abnehmende Gesellschaft durch den niedrigen Verrechnungspreis niedrige Kosten hat und damit einen höheren Gewinn, der aber wegen des niedrigen Steuersatzes nur niedrig besteuert wird.

Es empfiehlt sich sehr, von vornherein Verrechnungspreise zu bestimmen, die vom Finanzamt wahrscheinlich akzeptiert werden, damit es nicht zu Steuernachzahlungen kommt. Dabei geht es aus Sicht des Finanzamtes im Wesentlichen darum, festzustellen, ob die Verrechnungspreise einem »Fremdvergleich« standhalten, also weitestgehend den Marktpreisen entsprechen, die man einem dritten (nicht dem Konzern angehörenden) Unternehmen in Rechnung stellen würde. Allerdings sollte die Controlling-Sicht nicht ganz im Hintergrund verschwinden. Geht man zu sehr auf »Nummer sicher«, könnte es passieren, dass die Verrechnungspreise aus betriebswirtschaftlicher Sicht so ungünstig bestimmt werden, dass die möglichen negativen Konsequenzen einer Betriebsprüfung bei Weitem übertroffen werden. Es empfiehlt sich daher, sich in dieser Angelegenheit von (Steuer-)Fachleuten beraten zu lassen.

Folgende Methoden zur Bestimmung von Verrechnungspreisen grenzüberschreitender Transaktionen zwischen verbundenen Unternehmen werden grundsätzlich vom Finanzamt akzeptiert. Dabei werden die ersten drei Methoden (sogenannte Standardmethoden) aus Sicht des deutschen Finanzamtes und des deutschen Gesetzgebers »bevorzugt« und von diesen dreien wiederum die erste. So kann es z.B. passieren, dass die Nettomargenmethode abgelehnt wird, wenn vom Unternehmen nicht glaubhaft gemacht werden kann, dass die Standardmethoden für den spezifischen Fall nicht anwendbar sind. **Check-point 3**

1. Preisvergleichsmethode,
2. Wiederverkaufspreismethode,
3. Kostenaufschlagsmethode,
4. Gewinnaufteilungsmethode,
5. Nettomargenmethode.

5.2.1 Preisvergleichsmethode

Die Idee der Preisvergleichsmethode ist es, den eigenen Verrechnungspreis an einem tatsächlich am Markt existierenden Preis auszurichten, das heißt, so festzulegen, wie man ihn auch gegenüber einem nicht verbundenen Unternehmen festsetzen würde. Die Schwierigkeit besteht darin, einen solchen Vergleichspreis zu ermitteln, wenn man nicht selbst die Ware oder die Leistung (auch) an unabhängige Dritte veräußert, da man entweder keinen Zugriff auf die Preissetzung anderer Unternehmen hat oder die Bedingungen so unterschiedlich sind, dass sie schwer und nur mit Anpassungen auf den eigenen Fall zu übertragen sind. In jedem Fall ist es dringend geboten, die Berechnung des Verrechnungspreises zu dokumentieren, damit man im Fall einer Betriebsprüfung diese Unterlagen vorlegen kann. Das gilt allerdings für alle anderen Methoden auch.

5.2.2 Wiederverkaufspreismethode

Werden Waren von einem Produzenten an ein mit ihm verbundenes Vertriebsunternehmen verkauft, bietet sich die Wiederverkaufspreismethode an. Hier rechnet man den Verrechnungspreis aus, indem man vom Verkaufspreis des Vertriebsunternehmens die Bruttomarge abzieht. Von dieser Bruttomarge muss das Vertriebsunternehmen seine Verwaltungs- und Vertriebskosten decken und einen »angemessenen« Gewinn erzielen können. Natürlich steht und fällt die Akzeptanz dieses Verrechnungspreises durch das Finanzamt mit der Höhe der angesetzten Bruttomarge. Der Verrechnungspreis wird in Prozent des Verkaufspreises ausgerechnet, sodass er sich variabel anpasst, wenn sich die Marktverhältnisse und damit der Verkaufspreis für das Verkaufsunternehmen ändern.

> **!** **Beispiel für die Ermittlung des Verrechnungspreises nach der Wiederverkaufspreismethode:**
>
> Ein Vertriebsunternehmen verkauft ein Produkt für 100 Euro und bezieht es von einem Produzenten, der ein verbundenes Unternehmen innerhalb desselben Konzerns darstellt. Die durchschnittliche Umsatzrendite des Vertriebsunternehmens beträgt 5%, die Verwaltungs- und Vertriebskosten betragen – auf das Produkt bezogen – 30 Euro. Der Verrechnungspreis beträgt dann 65 Euro.

Ermittlung des Verrechnungspreises nach der Wiederverkaufspreis-methode

Verkaufspreis	100	Wieder-
Gewinn: 5% vom Verkaufspreis	5	verkaufs-preis-methode
Verwaltungs- und Vertriebskosten	30	
Zwischensumme: Bruttomarge	*35*	
Verrechnungspreis	65	
in Prozent vom Verkaufspreis	65%	

5.2.3   Kostenaufschlagsmethode

Die Kostenaufschlagsmethode entspricht am ehesten dem Verfahren der Kostenüberwälzung bei der innerbetrieblichen Leistungsverrechnung, nur mit dem Unterschied, dass hier in der Regel zusätzlich ein Gewinnzuschlag in den Verrechnungspreis eingerechnet wird. Inwieweit diese Methode vom Finanzamt akzeptiert wird, hängt wesentlich davon ab, wie nachvollziehbar die Kalkulation der Produkt- oder Dienstleistungskosten ist. Da es sich in der Regel um eine Vollkostenrechnung handelt, werden immer auch Kosten zugerechnet, die nicht von den Produkten/Dienstleistungen direkt verursacht werden (Gemeinkosten) und somit in ihrer Höhe »diskutabel« sind (vgl. hierzu auch Kapitel 3.2). Ebenso kann es über die angemessene Höhe des Gewinnzuschlages unterschiedliche Ansichten geben.

Beispiel für die Ermittlung des Verrechnungspreises nach der Kostenaufschlags-methode: !

Ein Produktionsunternehmen verkauft einem verbundenen Unternehmen ein Produkt, das beim Produzenten Selbstkosten in Höhe von 106,70 Euro verursacht. Diese Selbstkosten werden mithilfe der differenzierenden Zuschlagskalkulation ermittelt. Der Gewinnaufschlag des Unternehmens beträgt 5% auf die Selbstkosten, der Verrechnungspreis 112,04 Euro.

Ermittlung des Verrechnungspreises nach der Kostenaufschlagsmethode

Materialeinzelkosten	50,00
Materialgemeinkosten (50%)	25,00
Fertigungseinzelkosten	10,00
Fertigungsgemeinkosten (120%)	12,00
Zwischensumme: Herstellkosten	**97,00**
Verwaltungs- und Vertriebskosten (10%)	9,70
Selbstkosten	**106,70**
Gewinnzuschlag (5%)	5,34
Verrechnungspreis	**112,04**

5.2.4 Gewinnaufteilungsmethode

Die Gewinnaufteilungsmethode und die Nettomargenmethode werden als »Gewinnmethoden« bezeichnet und erfahrungsgemäß schlechter von der Finanzverwaltung akzeptiert als die vorher geschilderten sogenannten Standardmethoden. Sie werden geschäftsvorfallbezogen nur dann eingesetzt, wenn ein besonderes Leistungsverhältnis zwischen den verbundenen Unternehmen besteht, z.B. im Rahmen einer stark integrierten Wertschöpfungskette oder bei sehr speziellen, einzigartigen Beiträgen für den Konzern.

Grob gesagt, besteht die Gewinnaufteilungsmethode – wie der Name schon andeutet – darin, dass das insgesamt mit dem Produkt oder der Dienstleistung zu erzielende Ergebnis auf die beiden verbundenen Unternehmen aufgeteilt werden soll. Hierbei muss ein geeigneter Schlüssel für die Aufteilung gefunden werden. Anschließend wird der Verrechnungspreis so errechnet, dass das leistende Unternehmen den ihm zugeordneten Gewinnbeitrag mit dem Verkauf an das abnehmende Unternehmen erwirtschaftet und das abnehmende Unternehmen durch den Verkauf an externe Kunden ebenfalls den ihm zugeordneten Gewinnbeitrag erhält.

Beispiel für die Ermittlung des Verrechnungspreises nach der Gewinnaufteilungs-methode: **!**

Angenommen, das Gesamtergebnis eines Produktes, das am Absatzmarkt erzielt wird, beträgt 10 Euro und ergibt sich aus einem Verkaufspreis von 100 Euro und Selbstkosten von 90 Euro. Davon betragen die Kosten des Produzenten 60 Euro und die Kosten des empfangenden Unternehmens 30 Euro. Entscheidet man sich dafür, den Gewinn hälftig auf beide Unternehmen aufteilen zu wollen, ergibt sich der Verrechnungspreis aus den Kosten des leistenden Unternehmens plus 5 Euro, also: 65 Euro. Das empfangende Unternehmen hat Kosten in Höhe des Verrech-nungspreises von 65 Euro plus den eigenen Kosten von 30 Euro, zusammen also 95 Euro. Damit erhält es bei einem Verkaufspreis von 100 Euro ebenfalls einen Gewinn von 5 Euro.

Ermittlung des Verrechnungspreises nach der Gewinnaufteilungs-methode

	Leistendes Unternehmen	Empfangendes Unternehmen	Gesamt
Verkaufspreis		100,00	100,00
Gewinn	5,00	5,00	10,00
Selbstkosten	60,00	30,00	90,00
Verrechnungspreis	65,00	65,00	

Gewinn-auf-teilungs-methode

5.2.5   Nettomargenmethode

Bei der Nettomargenmethode wird dem leistenden Unternehmen mit dem Verrechnungspreis eine bestimmte Nettomarge zugestanden, die mit der Nettomarge unabhängiger Lieferanten vergleichbar sein soll. Woher man die nötigen Vergleichszahlen bekommt und inwieweit sie dann vom Finanzamt akzeptiert werden, bleibt offen, insbesondere vor dem Hintergrund, dass zunächst Planwerte für die Berechnung der Nettomarge zugrunde gelegt werden müssen, die später von der tatsächlichen Nettomarge abweichen können. Die Nettomarge bestimmt sich aus dem Nettogewinn im Verhältnis zu einer Kosten-, Umsatz- oder Kapitalgröße.

! **Beispiel für die Ermittlung des Verrechnungspreises nach der Nettomargenmethode:**
Angenommen, die Ziel-Nettomarge für den Lieferanten im Konzernverbund beträgt 5 %. Der Verkaufspreis des Produktes beträgt 100 Euro bei Selbstkosten von insgesamt 90 Euro. Davon sind 60 Euro Kosten des Produzenten und 30 Euro Kosten des anderen verbundenen Unternehmens. Dann errechnet sich der Verrechnungspreis, den das empfangende verbundene Unternehmen zahlen muss, durch Addition der Marge auf die Selbstkosten, also 60 + 5 = 65 Euro. Bei Selbstkosten des empfangenden Unternehmens in Höhe von 30 Euro bleibt dem empfangenden Unternehmen ebenfalls ein Gewinn von 100 – 65 – 30 = 5 Euro.

Ermittlung des Verrechnungspreises nach der Nettomargenmethode

Netto-margen-methode

	Produzent	Empfänger	Gesamt
Verkaufspreis		100,00	100,00
Selbstkosten	60,00	30,00	90,00
Nettomarge (Ziel: 5 %)	5,00		
Verrechnungspreis	**65,00**	**65,00**	
Gewinn	5,00	5,00	10,00

Da die Ziel-Nettomarge vor Beginn des jeweiligen Wirtschaftsjahres festgelegt und auf dieser Grundlage der Verrechnungspreis ermittelt wird, kann es zu Abweichungen zwischen der Zielgröße und der tatsächlichen Marge kommen. Angenommen, der Verkaufspreis sinkt auf 80 Euro (bei gleichbleibenden Kosten), dann beträgt die Ist-Nettomarge für den Lieferanten 6,25 % (5 : 80). Steigt dagegen der Verkaufspreis auf 120 Euro, beträgt die tatsächliche Marge nur noch gut 4,17 % (5 : 120). Diese Abweichung kann man (für die Zukunft) ausgleichen, indem man den Verrechnungspreis neu festlegt: 5 % von einem Verkaufspreis von 80 Euro sind 4,00 Euro. Der neue Verrechnungspreis beträgt daher nur noch 64,00 Euro. Im umgekehrten Fall müsste der Verrechnungspreis bei einem Verkaufspreis von 120 Euro auf 66,00 Euro erhöht werden (5 % x 120 = 6).
Trotz der Anpassung des Verrechnungspreises verändert sich die Gewinnsituation für den Empfänger der Leistung dramatisch, wenn sich dessen eigene Kostensituation nicht verändert. Im ersten Fall (Verkaufspreis = 80) erhält der Lieferant einen Verrechnungspreis von 64 Euro. Er kann damit seine eigenen Kosten abdecken und erhält zusätzlich eine Umsatzrendite von 5 %. Der Empfänger der Leistung erhält nur einen Verkaufspreis von 80 Euro, hat weiterhin eigene Kosten in Höhe von 30 Euro und muss einen Verrechnungspreis von 64 Euro zahlen. Damit erwirt-

schaftet er einen Verlust von 14 Euro. Natürlich ist das Zahlenbeispiel sehr dras-
tisch, da eine Verkaufspreis-Senkung von 20 % angenommen wird und die Kosten
nicht zurückgehen, aber es zeigt, welche Konsequenzen die Methode haben kann,
weil man sich bei der Bildung des Verrechnungspreises nur auf den Lieferanten
konzentriert.

Bleibt der Verkaufspreis gleich, während sich die Kosten verändern, macht der
Lieferant mit dem Verrechnungspreis auf der Grundlage der Ziel-Marge mehr
oder weniger Gewinn als geplant und der Verrechnungspreis müsste ebenfalls
angepasst werden. Angenommen, die Kosten des Lieferanten sinken von 60 auf
55 Euro. Mit einem Verrechnungspreis von 65 Euro würde er statt 5 Euro 10 Euro
Gewinn erzielen. Das entspricht aber einer Nettomarge von 10 % (bei einem Verkaufspreis von 100 Euro). Will man die Marge wieder auf 5 % zurückführen, müsste
man den Verrechnungspreis auf 60 Euro senken. Der Gewinn des empfangenden
Unternehmens würde dadurch steigen.

Für den Konzern kann sich das insgesamt günstig auswirken, wenn der höhere
Gewinn in einem Land erzielt wird, in dem die Steuersätze niedrig sind. Der Lieferant müsste daher aus Konzernsicht mit dem gleichen Gewinn trotz niedrigerer
Kosten einverstanden sein. Aus Unternehmenssicht (ohne den Konzern insgesamt
im Blick zu haben) wird der Lieferant aber sicher nicht damit einverstanden sein,
seine vielleicht hart erarbeitete Kostensenkung in Form einer Gewinnerhöhung an
den Empfänger seiner Leistung abzugeben.

Der Abgleich zwischen Ziel- und Ist-Nettomarge erfolgt entweder zeitnah regelmäßig, z. B. jeden Monat, oder einmalig kurz vor Ende jedes Wirtschaftsjahres.
Bei einem monatlichen Abgleich werden die Verrechnungspreise jeweils für die Zukunft so neu festgesetzt, dass die Ziel-Nettomarge bis zum Ende des Wirtschaftsjahres möglichst der tatsächlichen Nettomarge entspricht (s. o.). Diese Vorgehensweise nennt man »prospektive TNMM (Transactional Net Margin Method)«.
Stellt man erst kurz vor Ende des Wirtschaftsjahres eine Abweichung zwischen
der Ist- und der Ziel-Marge fest, kann man eine rückwirkende Anpassung vornehmen (retrospektive TNMM), indem ein einmaliger Ausgleichsbetrag gebucht wird.
Im Zahlenbeispiel hätte der Lieferant bei Senkung des Verkaufspreises auf 80 Euro
pro Stück 1 Euro zu viel erhalten. Demnach müsste ein Betrag in Höhe der vom Lieferanten an das verbundene Unternehmen abgegebenen Menge des betreffenden
Produktes multipliziert mit 1 Euro pro Stück vom Lieferanten auf den Abnehmer
umgebucht werden.

! **Zusammenfassung**

Verrechnungspreise kommen sowohl bei der internen Leistungsverrechnung zwischen zwei Abteilungen eines Unternehmens als auch bei der Verrechnung von Leistungen zwischen zwei verbundenen Unternehmen zum Einsatz. Die interne Leistungsverrechnung kann strikt nach Zielen der Unternehmenssteuerung ausgerichtet werden, während die Methoden zur Bestimmung von Verrechnungspreisen zwischen verbundenen Unternehmen sehr stark danach ausgerichtet sind, inwieweit sie sich steuerlich durchsetzen lassen. Die Nettomargenmethode ist z.B. in einigen Staaten gar nicht zulässig. Eine betriebswirtschaftliche Optimierung ist damit – wenn überhaupt – nur noch in zweiter Linie möglich.

Da die Verrechnungspreis-Problematik in diesem Buch nur sehr knapp behandelt werden kann und daher auch die Beispiele nur sehr verkürzt die tatsächliche Komplexität des Themas darstellen, empfehle ich für Leser, die größeren Informationsbedarf aus steuerlicher und auch aus Controlling-Sicht haben, das Buch von Hanken, Kleinhietpaß und Lagarden: »Verrechnungspreise«, erschienen im Haufe Verlag[4].

Check-
liste
Verrech-
nungs-
preise

Checkliste: Verrechnungspreise

1. Interne Leistungsverrechnung mit Kostenüberwälzung (führt zu nicht wirtschaftlichem Verhalten)

2. Interne Leistungsverrechnung mit festen Verrechnungspreisen

3. Leistungsverrechnung zwischen verbundenen Unternehmen – Verrechnungspreise überwiegend nach steuerlichen Gesichtspunkten auswählen

---

4   Hanken/Kleinhietpaß/Lagarden: Verrechnungspreise, 2.Auflage, Freiburg/München/Stuttgart 2016.

6   Der Profit-Center-Erfolg

Sie sind ungehalten: Ihre Bank, die seit über 20 Jahren Ihr privates Konto führt, hat Ihnen mitgeteilt, dass sie nur noch bis zum Ende des Jahres Privatkunden betreut. Danach wird sie alle Aktivitäten auf das Firmenkundengeschäft konzentrieren. Man macht Ihnen das Angebot, zu der von Ihrer Hausbank neu gegründeten Direktbank zu wechseln. Andernfalls werden Sie gebeten, zu kündigen und Ihr Konto bei einer anderen Bank zu eröffnen.

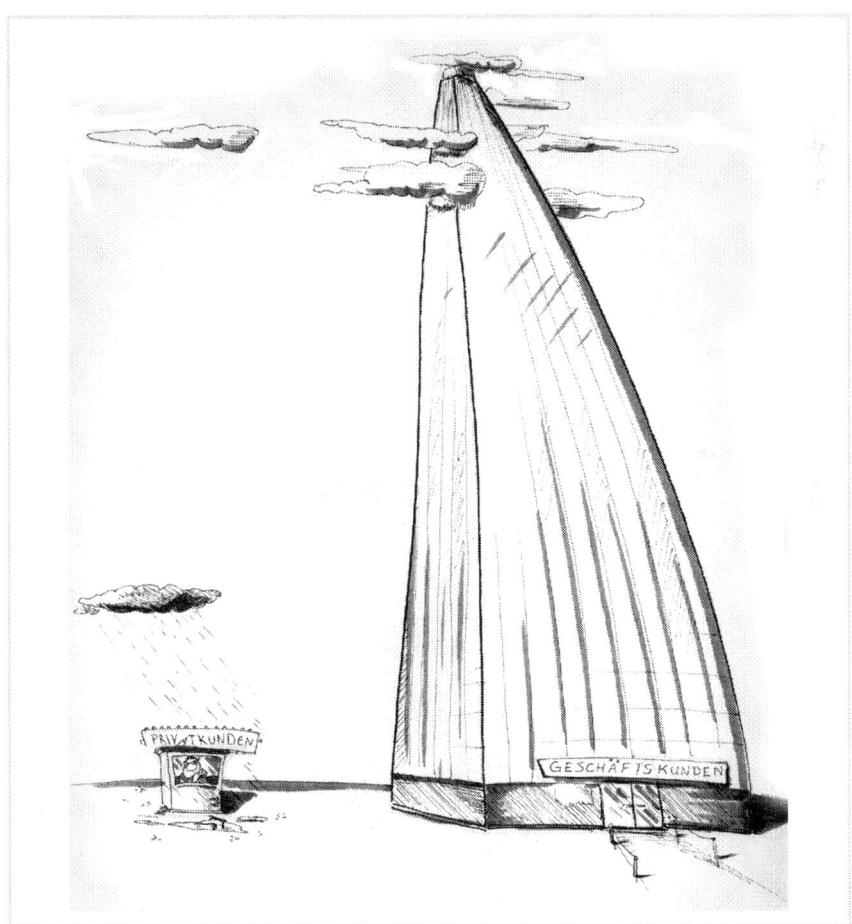

Wütend fragen Sie Ihren langjährigen Kundenbetreuer, wie es zu dieser für Sie schwer wiegenden Veränderung kommen konnte. Er erklärt Ihnen, dass die Bank vor einem Jahr – auf Anraten einer Unternehmensberatungsgesellschaft – ihr Controlling erweitert hat. Seitdem werden regelmäßig die Ergebnisse der verschiedenen Profit Center untersucht, die nach Kundengruppen untergliedert sind.

Das Ergebnis zeigt eine positive Gewinnsituation im Firmenkundengeschäft und Verluste im Privatkundenbereich. Aus diesem Grund hat man sich entschlossen, das Privatkundengeschäft auszugliedern und in einer eigenen Gesellschaft zu bearbeiten. Man geht davon aus, dass das Privatkundengeschäft dort als Kerngeschäft effizienter gestaltet werden kann und man dann demnächst auch wieder Erfolg mit dieser Kundengruppe erwirtschaften wird.

Die Entscheidung Ihrer Bank beruht auf den Ergebnissen einer Profit-Center-Rechnung. Ohne diese Rechnung hätte sie nicht einmal gewusst, dass sie mit der Kundengruppe »Privatkunden« Verluste macht.

6.1 Wie ermitteln Sie einen Profit-Center-Erfolg?

Ein Profit Center ist ein klar abgegrenzter Verantwortungsbereich (eine Abteilung), der sowohl externe Umsätze erwirtschaftet als auch Kosten verursacht. Der Profit-Center-Leiter ist für den Erfolg des Profit Centers verantwortlich. Daher sollten er und seine Mitarbeiter nach Möglichkeit auch an dem erwirtschafteten Erfolg finanziell beteiligt sein.

Profit Center lassen sich u.a. nach Produktsparten oder – wie im Bankenbeispiel – nach Kundengruppen organisieren. Der Erfolg eines Profit Centers ist der zusammengefasste Erfolg aller Produkte oder Aufträge, die von diesem Profit Center betreut werden. Daher benötigen Sie die Kosten und Umsätze nach Produkten oder Aufträgen untergliedert, um eine Profit-Center-Rechnung aufzubauen. Wenn Sie bereits eine Produkterfolgsrechnung (vgl. Kapitel 3) erstellt haben, lassen sich daraus relativ einfach die Erfolge Ihrer Profit Center ermitteln. *Checkpoint 1*

Angenommen, Ihre Profit Center sind nach Produktsparten untergliedert. In einer Bäckerei könnten das z.B. die Sparten Backwaren, Snacks und Konditoreiprodukte sein. Anschließend addieren Sie alle Produkterfolgsrechnungen der Produkte einer Sparte zusammen. Das Ergebnis ist eine Profit-Center-Erfolgsrechnung mit drei Profit Centern, die die drei Produktsparten repräsentieren. Damit diese Zusammenführung zu den Sparten gelingt, müssen Sie jedes Ihrer Produkte (oder jede Dienstleistung) neben seiner Artikelnummer außerdem mit einer Zahlenkombination versehen, die anzeigt, zu welcher Sparte dieses Produkt (oder die Dienstleistung) gehört. Dadurch ergeben sich – insbesondere für die Bearbeitung mit EDV – Nummernkreise, die selbst die richtige Zuordnung beinhalten. *Checkpoint 2*

Wenn Sie Ihre Profit Center nach Kundengruppen gliedern, können Sie nicht Produkterfolgsrechnungen aufaddieren, weil jeder Kunde jedes Produkt kaufen kann. Sie erfassen daher die **Aufträge** Ihrer Kunden. Das heißt, Sie stellen Kunde für Kunde oder Kundengruppe für Kundengruppe fest, welche Produkte in welchen Stückzahlen pro Auftrag gekauft wurden. Wenn Sie als Dienstleister oder Auftragsfertiger bereits eine Auftrags-Erfolgsrechnung haben (vgl. Kapitel 3), ist diese Grundlage schon vorhanden. Anschließend addieren Sie die jeweils zu einer Kundengruppe gehörenden Auftrags-Erfolgsrechnungen zur Profit-Center-Erfolgsrechnung. *Checkpoint 3*

Das Gleiche gilt für eine Profit-Center-Gliederung nach regionalen Gesichtspunkten, wenn Sie Verkaufsbüros oder Filialen in verschiedenen Städten oder Ländern betreiben. Auch in diesem Fall können alle Produkte überall verkauft werden und Sie müssen für jede regionale Einheit feststellen, wie viel dort von jedem Produkt verkauft wurde. Anschließend addieren Sie diese Daten pro Verkaufsstelle.

Zwei Beispiele sollen Ihnen die verschiedenen Vorgehensweisen verdeutlichen.

!

Beispiel für das Zusammenfassen von Teilerfolgsrechnungen zur Profit-Center-Erfolgsrechnung:

1. Fall: Profit Center nach Produktsparten
Wenn Sie Ihre Profit Center nach Sparten untergliedert haben, wird jede Sparte von einem eigenen Profit Center betreut. Die Sparte 034 soll aus den Produkten (oder Dienstleistungen) 1 und 2 bestehen. Von diesen Produkten wurden im Abrechnungszeitraum insgesamt 100 Stück (Produkt 1) zu je 100 Euro/Stück bzw. 1.000 Stück (Produkt 2) zu je 20 Euro/Stück verkauft. Im Sinne der Übersichtlichkeit werden in diesem Beispiel nur zwei Kostenarten ausgewiesen.

Profit-Center-Erfolgsrechnung nach Sparten

PC-ER Sparten	Produkt 1 (100 Stück)		Produkt 2 (1.000 Stück)		Sparte 034 = Profit Center
	Euro/St.	Euro	Euro/St.	Euro	Euro
Umsatz	100	10.000	20	20.000	30.000
Kostenart 1	40	4.000	5	5.000	9.000
Kostenart 2	50	5.000	12	12.000	17.000
Produkterfolg/ Spartenerfolg = Profit-Center-Erfolg	10	1.000	3	3.000	4.000

Der Erfolg der Sparte addiert sich aus den Produkterfolgen der Produkte 1 und 2 zu 4.000 Euro in der Abrechnungsperiode.

2. Fall: Profit Center nach Kundengruppen

Wenn Sie Ihre Profit Center nach Kundengruppen untergliedert haben, wird jede Kundengruppe von einem eigenen Profit Center betreut. Die Kundengruppen sind in diesem Beispiel nach Auftragshöhe unterteilt. Zur Kundengruppe 03 gehören alle Kunden, die bei Ihnen für weniger als 10.000 Euro Auftragsumsatz sorgen. Ihr Unternehmen ist ein Massenproduzent oder Sie erbringen Standarddienstleistungen. Die Kundengruppe 03 hat im Abrechnungszeitraum nur zwei Aufträge an Sie erteilt. Der eine Auftrag setzt sich zusammen aus zehn Stück des Produkts 1 aus dem obigen Beispiel und 200 Stück des Produkts 2. Der zweite Auftrag enthält nur zwei Stück des Produkts 1.

Zusammenstellung von Auftrag 1 aus Produkten

	Produkt 1 (10 Stück)		Produkt 2 (200 Stück)		Auftrag 1	
	Euro/St.	Euro	Euro/St.	Euro	Euro	
Umsatz	100	1.000	20	4.000	5.000	Auftrags-ER Produktion
Kostenart 1	40	400	5	1.000	1.400	
Kostenart 2	50	500	12	2.400	2.900	
Produkterfolg/ Auftragserfolg	10	100	3	600	700	

Zusammenstellung von Auftrag 2 (Auftrags-Erfolgsrechnung)

	Produkt 1 (2 Stück)		Produkt 2		Auftrag 2	
	Euro/St.	Euro	Euro/St.	Euro	Euro	
Umsatz	100	200			200	Auftrags-ER Produktion
Kostenart 1	40	80			80	
Kostenart 2	50	100			100	
Produkterfolg und Auftragserfolg	10	20			20	

Profit-Center-Erfolgsrechnung nach Kundengruppen

	Auftrag 1	Auftrag 2	Kundengr. 03 = Profit Center
	Euro	Euro	Euro
Umsatz	5.000	200	5.200
Kostenart 1	1.400	80	1.480
Kostenart 2	2.900	100	3.000
Produkterfolg und Spartenerfolg = Profit-Center-Erfolg	700	20	720

Der Erfolg der Kundengruppe 03 und damit der Profit-Center-Erfolg beträgt im Abrechnungszeitraum 720 Euro.

Als Einzelauftragsfertiger oder Dienstleister ohne Standarddienstleistungen entfallen die beiden Schritte, bei denen Produkte zu Aufträgen zusammengefasst werden (die ersten beiden Tabellen), da für jeden einzelnen Auftrag bereits eine Auftrags-Erfolgsrechnung vorliegt (vgl. Kapitel 3.4). Es können dann sofort die Aufträge zu Kundengruppen zusammengefasst werden (dritte Tabelle).

6.2   Was gilt für Serien- oder Massenfertiger?

An dem Beispiel konnten Sie erkennen, dass es für einen Massenfertiger relativ leicht ist, Profit-Center-Erfolge zu ermitteln, wenn er bereits eine Produkterfolgsrechnung hat: Die Sparten können durch einfaches Aufsummieren aller Produkt-Ergebnisse, die zu der jeweiligen Sparte gehören, zusammengefasst werden. Haben Sie Ihre Profit Center nach Kunden untergliedert, müssen zunächst Auftragserfolge ermittelt werden, die anschließend zu Kundenergebnissen zusammengefasst werden.

Check-point 4

Im folgenden Beispiel wird noch einmal auf die Großbäckerei aus den Kapiteln 3 und 4 zurückgegriffen und eine Unterteilung nach Filialen vorgenommen, um auf die Besonderheiten der Profit-Center-Erfolgsrechnung für einen Massenproduzenten einzugehen und eine weitere Möglichkeit der Profit-Center-Gliederung (nach Regionen) zu zeigen.

Beispiel zur Profit-Center-Erfolgsrechnung (Massenfertigung): **!**

Die Geschäftsführung der Großbäckerei möchte wissen, welchen Gewinn (oder Verlust) die Filiale Burgstadt-Ost erwirtschaftete. Die Filialen werden als Profit Center geführt, die Filiale Burgstadt-Ost als Profit Center 110. Im Sinne der Verständlichkeit wird in dem Beispiel davon ausgegangen, dass diese Filiale nur Brötchen und Brezeln verkauft.
Im letzten Jahr wurden in der Filiale Burgstadt-Ost insgesamt 390.000 Brötchen und 140.000 Brezeln verkauft. Die Produkterfolgsrechnung für die Brötchen in der nächsten Tabelle wurde aus dem Beispiel im Kapitel 3.2 übernommen. Die Produkterfolgsrechnung der Brezeln wurde ebenfalls schon in Kapitel 3 vorgenommen.

Produkterfolgsrechnung für 1.000 Brötchen

	Euro pro 1.000 Stück
Umsatz	260,00
Materialeinzelkosten	18,30
Materialgemeinkosten (20% der Materialeinzelkosten)	3,66
Fertigungskosten (51 Euro/Std. x 100 min./60 min.)	85,00
Zwischensumme: Herstellkosten	*106,96*

PER Brötchen

	Euro pro 1.000 Stück
Vertriebskosten (80% der Herstellkosten)	85,57
Verwaltungskosten (20% der Herstellkosten)	21,39
Zwischensumme: Overheadkosten	*106,96*
Gesamtkosten pro 1.000 Brötchen	**213,92**
Produkterfolg für 1.000 Brötchen	**46,08**
Produkterfolg für 1 Brötchen (gerundet)	**0,05**

Produkterfolgsrechnung für 1.000 Brezeln

PER
Brezeln

	Euro pro 1.000 Stück
Umsatz	550,00
Materialeinzelkosten	13,00
Materialgemeinkosten (20% der Materialeinzelkosten)	2,60
Fertigungskosten (51 Euro/Std. * 250 min./60 min.)	212,50
Zwischensumme: Herstellkosten	*228,10*
Vertriebskosten (80% der Herstellkosten)	182,48
Verwaltungskosten (20% der Herstellkosten)	45,62
Zwischensumme: Overheadkosten	*228,10*
Gesamtkosten pro 1.000 Brezeln	**456,20**
Produkterfolg für 1.000 Brezeln	**93,80**
Produkterfolg für 1 Brezel (gerundet)	**0,09**

Da beide Produkte einen positiven Produkterfolg ausweisen, hat auch die Filiale einen Gewinn eingebracht, und zwar in Höhe von 31.103,20 Euro (390 x 46,08 + 140 x 93,80). Fasst man die Produkterfolgsrechnungen zur Filialen-Erfolgsrechnung zusammen, erhält man folgendes Ergebnis:

Profit-Center-Erfolgsrechnung nach Filialen

	Brötchen (390.000 Stück)		Brezeln (140.000 Stück)		Filiale = Profit Center 110
	Euro/ 1.000 St.	Euro gesamt	Euro/ 1.000 St.	Euro gesamt	Euro gesamt
Umsatz	260,00	101.400	550,00	77.000	178.400
Materialeinzelkosten	18,30	7.137	13,00	1.820	8.957
Materialgemeinkosten	3,66	1.427	2,60	364	1.791
Fertigungskosten	85,00	33.150	212,50	29.750	62.900
Zwischensumme: Herstellkosten	*106,96*	*41.714*	*228,10*	*31.934*	*73.648*
Vertriebskosten	85,57	33.372	182,48	25.547	58.919
Verwaltungskosten	21,39	8.342	45,62	6.387	14.729
Zwischensumme: Overheadkosten	*106,96*	*41.714*	*228,10*	*31.934*	*73.648*
Gesamtkosten	213,92	83.429	456,20	63.868	147.297
Produkterfolg/ Filialenerfolg = Profit-Center-Erfolg	46,08	17.971	93,80	13.132	31.103

Wollen Sie die Produkterfolgsrechnungen außerdem zu einer Sparten-Erfolgsrechnung zusammenfassen, wählen Sie im ersten Schritt die gewünschten Sparten aus, hier z. B. Sparte Backwaren, Sparte Snacks und Sparte Konditoreiprodukte. Dann ordnen Sie alle Produkte der richtigen Sparte zu und summieren anschließend die Produkterfolgsrechnungen zu einer Sparten-Erfolgsrechnung. Wollen Sie eine Kundengruppen-Erfolgsrechnung erstellen, werden Sie zunächst Ihre Kundengruppen festlegen müssen, hier z. B. Laufkundschaft in den Filialen, Hotels, Gaststätten, Krankenhäuser etc.

Anschließend erfassen Sie, welche Produkte in welcher Menge von der jeweiligen Kundengruppe gekauft worden sind. Dann summieren Sie die zu einer Kundengruppe gehörenden Auftrags-Erfolgsrechnungen zur Kundengruppen-Erfolgsrechnung auf.

Da Sie, unabhängig davon, wie Sie Ihre Profit Center gliedern, immer Produkterfolgsrechnungen oder Auftrags-Erfolgsrechnungen summieren, werden auch die Gemeinkosten nur summiert. Dadurch wird die pauschale Zurechnung aus den Produkterfolgsrechnungen übernommen. Selbst bei den Kosten, die sich eindeutig einer bestimmten Filiale (oder Produktsparte oder Kundengruppe) zurechnen lassen, gehen Sie zunächst nicht anders vor. In der oben angegebenen Berechnung sind z.B. die Personalkosten für die Verkäufer in dem Zuschlag von 80% für die Vertriebskosten enthalten, obwohl sie sich sicher eindeutig den Filialen zurechnen lassen.

Check-
point 6

In der Produkterfolgsrechnung ist das die einzig mögliche Zuordnung, weil man diese Personalkosten nicht verursachungsgerecht auf Produkte verteilen kann. In einer Profit-Center-Erfolgsrechnung nach Filialen können Sie diese Kosten aber **richtig** zurechnen. Dazu müssen Sie sie aus dem Vertriebskostenzuschlag herausrechnen und stattdessen direkt der jeweiligen Filiale zurechnen. Das folgende Beispiel zeigt Ihnen, wie das geht.

!

Beispiel zur Profit-Center-Erfolgsrechnung: spezielle Profit-Center-Kosten (Produktion):

Das Beispiel greift noch einmal auf die Profit-Center-Erfolgsrechnung für die Bäckereifiliale in Burgstadt-Ost zurück. In den Vertriebsgemeinkosten sind die Kosten für die Verkäufer in den Filialen enthalten und in den Verwaltungskosten die Mietkosten für die Filialen. Die Vertriebskosten wurden mit einem Zuschlagsatz von 80% auf die Herstellkosten verrechnet, die Verwaltungskosten mit einem Zuschlagsatz von 20% auf die Herstellkosten. Jede Filiale hat ein festes Team an Verkäufern, das normalerweise nicht zwischen den Filialen wechselt. Damit sind die Personalkosten dieses Personals eindeutig einer Filiale zuzuordnen. Ebenso lässt sich die Ladenmiete eindeutig der jeweiligen Filiale zurechnen. Angenommen, die Personalkosten der Verkäufer machen 80% der Vertriebskosten aus. Wenn Sie sich entscheiden, diese Kosten direkt zuzurechnen, verringert sich der Zuschlagsatz für die Vertriebskosten von 80% auf 16%, weil Sie 80% von 80% (also 64%) für die Verkäufer herausrechnen. Genauso gehen Sie bei der Ladenmiete vor: Wenn die Ladenmiete 50% der Verwaltungskosten ausmacht, verringert

sich der Zuschlagsatz für die Verwaltungskosten von 20% auf 10%, weil Sie 50%
von 20% (also 10%) herausrechnen. Dafür werden die Personalkosten der Verkäufer und die Ladenmiete jetzt direkt in der richtigen Höhe den Filialen zugerechnet.
Die Filiale Burgstadt-Ost hat im letzten Jahr Personalkosten für den Verkauf in
Höhe von 45.000 Euro verursacht und Mietkosten in Höhe von 15.000 Euro. Diese
Kosten werden jetzt direkt zugerechnet. Die übrigen Gemeinkosten werden anhand der neuen **verringerten** Zuschlagsätze zugerechnet.

Profit-Center-Erfolgsrechnung mit speziellen PC-Kosten

	Filiale = Profit Center 110 Euro
Umsatz	178.400
Materialeinzelkosten	8.957
Materialgemeinkosten	1.791
Fertigungskosten	62.900
Zwischensumme: Herstellkosten	*73.648*
Personalkosten Verkäufer	45.000
Restvertriebskosten (16%)	11.784
Mietkosten	15.000
Restverwaltungskosten (10%)	7.365
Zwischensumme: Overheadkosten	*79.149*
Gesamtkosten	152.797
Filialenerfolg = Profit-Center-Erfolg	**25.603**

spez. PC-
Kosten
Filiale

Das Ergebnis zeigt, dass die Filiale Burgstadt-Ost niedrigere Vertriebskosten hat
als vorher, aber höhere Verwaltungskosten. Insgesamt liegen die Kosten höher als
vorher und damit der Profit-Center-Erfolg niedriger. Da die Zuordnung der Kosten
jetzt richtiger ist als die vorherige, kommt diese Profit-Center-Rechnung beim
Vergleich verschiedener Filialen zu einem »gerechteren« Ergebnis.

In Kapitel 7.5 wird die Profit-Center-Erfolgsrechnung erweitert, sodass sie
unter dem Blickwinkel der Deckungsbeitragsrechnung weitere Möglichkeiten bietet. Wenn Sie möchten, können Sie erst einmal die dazwischenliegen-
den Kapitel überspringen.

6.3   Was gilt für Dienstleister oder Auftragsfertiger?

Bei Dienstleistern (ohne standardisierte Dienstleistungen) und Auftragsfertigern ist es nicht möglich, Produkterfolge zu einer Kunden-Erfolgsrechnung oder Sparten-Erfolgsrechnung zusammenzufassen, weil es keine Standardprodukte gibt. Hier stellt jeder einzelne Auftrag ein eigenes Produkt (eine Dienstleistung) dar. Daher ist die Vorgehensweise anders als beim Massenproduzenten: Jeder Auftrag muss eindeutig einem Kunden, einer Sparte, einem Profit Center zugeordnet sein, um die Aufträge zu einer Profit-Center-Erfolgsrechnung zusammenfassen zu können. Das folgende Beispiel ist analog für den Auftragsfertiger anwendbar.

!

Beispiel zur Profit-Center-Erfolgsrechnung (Dienstleistung):

Die Mediaagentur gliedert ihre Profit Center nach Kundengruppen, wie z.B. Radiosender, TV-Sender, Supermärkte und Reiseveranstalter. Das Profit Center 120 ist für die Kundengruppe »Supermärkte« zuständig und hat im letzten Monat zwei Aufträge mit dieser Kundengruppe abgewickelt. Der in der folgenden Tabelle abgebildete Auftrag stammt aus Kapitel 3.3. In der danach folgenden Tabelle ist die Erfolgsrechnung für einen fiktiven zweiten Auftrag abgebildet.

Produkterfolgsrechnung Mediaagentur Auftrag 1

Auf-
trags-ER
Dienst-
leistung

	Euro
Umsatz	**12.000**
Fremdleistungen	1.000
Sprecherhonorare	1.000
Zeitarbeitskräfte	2.000
Personalkosten eigene Dienstleister	4.500
Personalkosten Verwaltung (6,49%)	552
Mietkosten (0,65%)	55
Kfz-Kosten (0,39%)	33
Reisekosten (0,65%)	55
Werbekosten (6,49%)	552

	Euro
Abschreibungen (0,36%)	31
Reparatur-/Instandhaltungskosten (0,03%)	3
sonstige betriebliche Kosten (0,65%)	55
Zinskosten (0,13%)	11
Steuern (1,04%)	88
Gesamtkosten	**9.935**
Auftragserfolg	**2.065**

Produkterfolgsrechnung Mediaagentur Auftrag 2

	Euro
Umsatz	**24.000**
Fremdleistungen	1.500
Sprecherhonorare	2.000
Zeitarbeitskräfte	4.000
Personalkosten eigene Dienstleister	9.000
Personalkosten Verwaltung (6,49%)	1.071
Mietkosten (0,65%)	107
Kfz-Kosten (0,39%)	64
Reisekosten (0,65%)	107
Werbekosten (6,49%)	1.071
Abschreibungen (0,36%)	59
Reparatur-/Instandhaltungskosten (0,03%)	5
sonstige betriebliche Kosten (0,65%)	107
Zinskosten (0,13%)	21
Steuern (1,04%)	172
Gesamtkosten	**19.284**
Auftragserfolg	**4.716**

Auftrags-ER Dienstleistung

Führt man die beiden Aufträge zusammen, ergibt sich folgende Profit-Center-Erfolgsrechnung. Der Profit-Center-Erfolg errechnet sich aus der Summe der beiden Auftragserfolge, er beträgt 6.781 Euro.

Profit-Center-Erfolgsrechnung nach Kundengruppen

PC-ER Kunden DL	Auftrag 1 (Euro)	Auftrag 2 (Euro)	Profit Center 120 (Euro)
Umsatz	12.000	24.000	36.000
Fremdleistungen	1.000	1.500	2.500
Sprecherhonorare	1.000	2.000	3.000
Zeitarbeitskräfte	2.000	4.000	6.000
Personalkosten eigene Dienstleister	4.500	9.000	13.500
Personalkosten Verwaltung (6,49%)	552	1.071	1.623
Mietkosten (0,65%)	55	107	162
Kfz-Kosten (0,39%)	33	64	97
Reisekosten (0,65%)	55	107	162
Werbekosten (6,49%)	552	1.071	1.623
Abschreibungen (0,36%)	31	59	90
Reparatur-/Instandhaltungskosten (0,03%)	3	5	8
Sonstige betriebl. Kosten (0,65%)	55	107	162
Zinskosten (0,13%)	11	21	32
Steuern (1,04%)	88	172	260
Gesamtkosten	9.935	19.284	29.219
Auftrags-/Profit-Center-Erfolg	2.065	4.716	6.781

Check-point 6 Genau wie bei den Massenfertigern gibt es auch bei Dienstleistern und Auf-tragsfertigern Kosten, die sich nicht verursachungsgerecht auf einzelne Aufträge aufteilen lassen, die aber durchaus eindeutig einem Profit Center zuzurechnen sind. Wenn die Profit Center unterschiedlich hohe Gemeinkosten an dieser Stelle haben, empfiehlt es sich, Kosten, die auf Auftragsebene über pauschale Zuschläge zugerechnet wurden, aus dem Zuschlag herauszurechnen und stattdessen den Profit Centern direkt zuzuordnen. Im Beispiel könnten solche Kosten Personalkosten von Mitarbeitern sein, die nur zu diesem einen Profit Center gehören und keine Aufgaben für andere Profit Center erfüllen.

Da die Personalkosten der eigenen Dienstleister bereits über Stundenaufschreibungen den Aufträgen zugerechnet werden, sind sie keine Gemeinkosten mehr und kommen für die Aufteilung nach Profit Centern nicht mehr in Betracht. Wie im Beispiel der Großbäckerei lassen sich gegebenenfalls weitere Personalkosten, z.B. im Verwaltungsbereich, direkt zuordnen.

Im folgenden Beispiel wird angenommen, dass sich ein Teil der Werbekosten und ein Teil der Reisekosten zwar nicht eindeutig bestimmten Aufträgen zurechnen lässt, aber doch einem bestimmten Profit Center. Wenn diese Kosten eine relevante Größenordnung annehmen, macht es Sinn, sie aus dem pauschalen Zuschlag heraus- und stattdessen direkt zuzurechnen. Der Zuschlagsatz, in dem die Werbekosten bzw. Reisekosten vorher enthalten waren (hier: Vertriebskostenzuschlag), verringert sich dann entsprechend.

Beispiel zur Profit-Center-Erfolgsrechnung (spezielle Profit-Center-Kosten – Dienstleistung): !

In den Erfolgsrechnungen für die Aufträge der Mediaagentur werden die Reisekosten bisher mit 0,65% auf die gesamten Einzelkosten zugeschlagen. Wenn sich z.B. zwei Drittel der Reisekosten des Unternehmens den Profit Centern direkt zurechnen lassen, kann der Zuschlagsatz für die Reisekosten um diese zwei Drittel auf ein Drittel reduziert werden: Er verringert sich von 0,65% auf 0,22% (0,65% x 1/3 = 0,22% gerundet). Die Werbekosten werden bisher mit 6,49% zugeschlagen. Wenn die Hälfte der Werbekosten den Profit Centern zugerechnet werden kann, wird der Zuschlagsatz für die Werbekosten auf die Hälfte reduziert: 6,49% x 1/2 = 3,25%.
Die tatsächlich für das Profit Center angefallenen Reisekosten betragen 100 Euro, die Werbekosten 500 Euro. Diese Kosten werden dem Profit Center jetzt direkt zugerechnet. Die Profit-Center-Erfolgsrechnung verändert sich dann wie folgt:

Profit-Center-Erfolgsrechnung mit speziellen PC-Kosten

spez. PC-
Kosten
DL

	Profit Center 120 Euro
Umsatz	36.000
Fremdleistungen	2.500
Sprecherhonorare	3.000
Zeitarbeitskräfte	6.000
Personalkosten eigener Dienstleister	13.500
Zwischensumme gesamte Einzelkosten	*25.000*
Personalkosten Verwaltung (6,49 %)	1.623
Mietkosten (0,65 %)	162
Kfz-Kosten (0,39 %)	97
direkt zugerechnete Reisekosten	100
Restreisekosten (0,22 %)	55
direkt zugerechnete Werbekosten	500
Restwerbekosten (3,25 %)	813
Abschreibungen (0,36 %)	90
Reparatur-/Instandhaltungskosten (0,03 %)	8
sonstige betriebliche Kosten (0,65 %)	162
Zinskosten (0,13 %)	32
Steuern (1,04 %)	260
Gesamtkosten	28.902
Profit-Center-Erfolg	7.098

Nach der richtigen Zuordnung von Reisekosten und Werbekosten erhöht sich der Profit-Center-Erfolg von 6.781 Euro auf 7.098 Euro, d.h. um 317 Euro. Das Profit Center hat weniger Reisekosten und Werbekosten direkt verursacht, als ihm nach den durchschnittlichen Zuschlägen zugerechnet worden wären.

Ein Beispiel für den Nutzen der Zurechnung spezieller Profit-Center-Kosten lässt sich auch bei speziellen Dienstleistern wie z. B. Museen finden. Angenommen, Sie sind Direktor eines kleineren Museums. Typische Angebote des Museums sind: der Museumsbesuch selbst, die Vermietung von Konferenzräumen, eine Cafeteria und ein Museums-Shop. Die vier verschiedenen Angebote werden als Profit Center geführt. Es werden aber außer den direkt zurechenbaren Personalkosten und dem Wareneinkauf keine weiteren Einzelkosten direkt zugerechnet. Die übrigen Kosten werden pauschal mit entsprechenden Zuschlagsätzen zugerechnet. Dadurch erhalten Sie folgendes Bild von der betriebswirtschaftlichen Situation Ihres Museums.

Zahlenbeispiel Museum (vorher)

	Museum	Vermietung Konferenz-räume	Cafeteria	Museums-Shop	Gesamt	Museum vorher
Umsatz	480.000	60.000	60.000	200.000	800.000	
Wareneinkauf	0	0	15.000	80.000	95.000	
Personal zurechenbar	150.000	0	25.000	30.000	205.000	
Summe gesamte Einzelkosten	150.000	0	40.000	110.000	300.000	
Abschreibungen (40%)	60.000	0	16.000	44.000	120.000	
kalk. Miete (35%)	52.500	0	14.000	38.500	105.000	
Personalkosten Verwaltung (25%)	37.500	0	10.00	27.500	75.000	
Werbekosten (10%)	15.000	0	4.000	11.000	30.000	
sonstige Kosten (15%)	30.000	0	8.000	22.000	60.000	
Gesamtkosten	345.000	0	92.000	253.000	690.000	
Profit-Center-Erfolg	135.000	60.000	−32.000	−53.000	110.000	

Das Museum selbst macht offenbar einen großartigen Gewinn, ebenso die Vermietung der Konferenzräume, während Cafeteria und Museums-Shop deutlich defizitär sind.

Erkennen Sie aber die Abschreibungen und die kalkulatorische Miete als spezielle Profit-Center-Kosten, werden Sie diese auch verursachungsgerecht zuordnen. Das heißt, die Abschreibungen werden dem jeweiligen Anlagevermögen in jedem Profit Center zugerechnet, und die kalkulatorische Miete wird entsprechend der von dem Profit Center genutzten Fläche aufgeteilt. Damit ergibt sich ein realitätsgetreueres Bild von der Situation.

Zahlenbeispiel Museum (nachher)

Museum
nachher

	Museum	Vermietung Konferenz- räume	Cafeteria	Museums- Shop	Gesamt
Umsatz	480.000	60.000	60.000	200.000	800.000
Wareneinkauf	0	0	15.000	80.000	95.000
Personal zurechenbar	150.000	0	25.000	30.000	205.000
Summe gesamte Einzelkosten	150.000	0	40.000	110.000	300.000
spezielle PC-Kosten: Abschreibungen	92.000	10.000	8.000	10.000	120.000
spezielle PC-Kosten: kalk. Miete	83.000	10.000	5.000	7.000	105.000
Personalkosten Verwaltung (25%)	37.500	0	10.000	27.500	75.000
Werbekosten (10%)	15.000	0	4.000	11.000	30.000
sonstige Kosten (15%)	30.000	0	8.000	22.000	60.000
Gesamtkosten	407.500	20.000	75.000	187.500	690.000
Profit-Center-Erfolg	72.500	40.000	−15.000	12.500	110.000

Jetzt haben zwar Museum und Konferenzräume immer noch ein positives Ergebnis und die Cafeteria ein negatives. Aber der Museums-Shop macht nach dieser (realitätsnäheren) Rechnung offenbar doch einen Gewinn. Hätten Sie also nach der ersten Rechnung die Schlussfolgerung gezogen, den Museums-Shop schließen zu müssen in der Hoffnung, damit den Gewinn zu erhöhen, hätte es ein »böses Erwachen« gegeben, weil sich die kalkulatorische Miete und die Abschreibungen maximal in der für den Shop relevanten Höhe hätten einsparen lassen (17.000 Euro) und nicht in Höhe der zunächst zugerechneten 82.500 Euro.

Ein gutes Beispiel, wie Controlling strategische Entscheidungen absichern kann! Auch die Profit-Center-Erfolgsrechnung für Dienstleister und Auftragsfertiger wird in Kapitel 7.5 unter dem Blickwinkel der Deckungsbeitragsrechnung vertieft und erweitert. Sie können, wenn Sie möchten, zunächst die dazwischen liegenden Kapitel überspringen.

6.4   So ermitteln Sie den Gesamtunternehmenserfolg

Wenn Sie eine Produkterfolgsrechnung bzw. eine Profit-Center-Erfolgsrechnung für alle Ihre Produkte (Profit Center) aufgebaut haben, können Sie aus
der Summe **aller** Produkterfolgsrechnungen (Profit-Center-Erfolgsrechnungen) Ihren Gesamtunternehmenserfolg ableiten.

Sie brauchen auch keine Korrektur durch eventuell entstandene Bestandsveränderungen vorzunehmen, wie bei der Erfolgsrechnung nach dem Gesamtkostenverfahren (s. Kapitel 2.3). Da Sie den Gesamterfolg des Unternehmens ermitteln, indem Sie die Produkt- oder Profit-Center-Erfolge
zusammenführen, haben Sie keine Kosten für die Produktion auf Lager zu
viel erfasst oder Kosten von Produkten, die Sie vom Lager abverkauft haben, zu wenig erfasst. Sie haben genau die Kosten erfasst, die durch die
verkauften Einheiten entstanden sind. Diese Kosten nennt man daher auch
Umsatzkosten, das Verfahren Umsatzkostenverfahren.

Eine kurze Empfehlung zum Schluss: Wenn Sie bisher noch gar keine regel-
mäßige Erfolgsrechnung einsetzen, sollten Sie mit dem Gesamtkostenver-
fahren beginnen, um regelmäßig einen schnellen Überblick über Ihre Ge-
samtunternehmenssituation zu bekommen. Sie können in einem zweiten
Schritt eine Verfeinerung über das Umsatzkostenverfahren erreichen, indem
Sie Ihren Unternehmenserfolg auf Ihre Produkte oder Dienstleistungen, auf
Profit Center, Sparten und/oder Kunden aufteilen. Sie erhalten so eine neue
Kalkulationsgrundlage, einen besseren Überblick über die Erfolgssituation
Ihres Unternehmens und damit auch ganz neue Steuerungsmöglichkeiten.

6.5 Wie interpretieren Sie den Profit-Center-Erfolg?

Was fangen Sie mit den Ergebnissen einer Produkt-, Sparten-, Kunden- oder allgemein: einer Profit-Center-Erfolgsrechnung an?

Check-
point 8

Wenn Sie den Erfolg eines Profit Centers ermittelt haben, werden Sie diesen sicher mit dem Leiter des Profit Centers diskutieren. Wie Sie an den Beispielen gesehen haben, kann der Profit-Center-Leiter nicht alle Kosten selbst beeinflussen. Die durch Zuschläge zugeordneten Gemeinkosten sind für ihn praktisch nicht steuerbar. Hier entsteht schier endloser Diskussionsbedarf. Damit der Controller nicht »den Kürzeren zieht«, hat er noch eine Trumpfkarte im Ärmel: die mehrstufige Deckungsbeitragsrechnung. Um mehr darüber zu erfahren, lesen Sie bitte in Kapitel 7.5 weiter.

Zusammenfassung !

Profit Center sind nach Verantwortungsbereichen untergliederte Teileinheiten eines Unternehmens, die für verschiedene Produktsparten zuständig sind oder nach Kundengruppen oder anderen Gliederungskriterien aufgeteilt sind. Profit Center erwirtschaften Erträge und verursachen Kosten. Während Cost Center über Kostenbudgets gesteuert werden, weisen Profit Center einen Erfolg aus und können daher an diesem Erfolg gemessen werden.

Die Vorgehensweise bei der Ermittlung eines Profit-Center-Erfolgs unterscheidet sich nach dem jeweiligen Gliederungskriterium: Sind die Profit Center für einzelne Sparten zuständig, kann der Profit-Center-Erfolg durch Summieren der zugeordneten Produkterfolgsrechnungen ermittelt werden. Handelt es sich um eine kundenorientierte Gliederung, müssen Auftrags-Erfolgsrechnungen zusammengefasst werden. Fasst man alle Profit-Center-Erfolgsrechnungen eines Unternehmens zusammen, kann man daraus den Gesamtunternehmenserfolg ermitteln.

Checkliste: Profit-Center-Erfolgsrechnung

1. Gliederungskriterium/en für Profit Center festlegen (Sparten, Kunden, Filialen etc.)

2. Gliederung nach Sparten: Zusammenfassung von Produkterfolgsrechnungen zu Profit-Center-Erfolgsrechnungen

3. Gliederung nach Kunden, Filialen etc.: Zusammenfassung von Auftrags-Erfolgsrechnungen zu Profit-Center-Erfolgsrechnungen

4. Erstellen der Profit-Center-Erfolgsrechnung für Massenproduzenten

5. Erstellen der Profit-Center-Erfolgsrechnung für Dienstleister und Auftragsfertiger

6. Gesonderte Erfassung spezieller Profit-Center-Kosten

7. Zusammenfassung aller Profit-Center-Erfolgsrechnungen zur Gesamtunter-nehmenserfolgsrechnung nach dem Umsatzkostenverfahren

8. Weitere Untergliederung der Profit-Center-Erfolgsrechnungen und Interpretation der Profit-Center-Ergebnisse mithilfe der mehrstufigen Deckungsbeitragsrechnung
   (s. Kapitel 7.5)

7 Die Deckungsbeitragsrechnung

7.1 Deckungsbeitrag – Was ist das?

Der größte Wunsch Ihrer Freundin war es schon immer, eine kleine Kneipe zu eröffnen. Seit einigen Jahren spart sie jeden Euro, um ihren Wunsch bald umsetzen zu können. Jetzt hat sie ein Angebot über einen Pachtvertrag bekommen, der das Richtige zu sein scheint. Sie zeigt Ihnen eine Aufstellung über alle Ausgaben für die ersten Anschaffungen. Wie Sie sehen, hat sie nichts vergessen: Von der Einrichtung der Kneipe über Gläser und Geschirrtücher hat sie an alles gedacht. Das notwendige Geld für diese Neuanschaffungen hat sie auch zusammen. Nach dem ersten Enthusiasmus kommen ihr aber Bedenken, ob sie auch genügend Gäste haben wird, um die laufenden Kosten zu decken und noch einen Gewinn zu machen, der ausreicht, um ihren Lebensstil zu halten.

Sie wollen Ihrer Freundin helfen, herauszufinden, wie viele Gäste sie pro Abend braucht, um die laufenden Kosten des Geschäfts wieder »hereinzuholen«. Dabei stellen Sie schnell fest, dass viele Kosten von der Anzahl der Gäste abhängen und sich somit »die Katze in den Schwanz beißt«. Es ist notwendig, zwischen diesen Kosten und den Kosten, die unabhängig von der Zahl der Gäste sind, zu unterscheiden.

Die Kosten, die nur anfallen, wenn auch tatsächlich Gäste da sind, sind die variablen Kosten. Sie sind insgesamt umso höher, je mehr Gäste Ihre Freundin hat. Im Wesentlichen werden das die Kosten für Getränke und Essen sein. Kosten, die unabhängig von der Zahl der Gäste sind und sogar vorhanden sind, wenn gar keine Gäste kommen, sind fixe Kosten. Das sind z.B. Kosten für fest angestelltes Personal (Koch, Bedienung etc.), Miete/Pacht und Abschreibungen für die Anschaffungen, die am Anfang getätigt wurden. *Check-point 1*

Es ist klar, dass der Preis, den die Gäste für Getränke und Essen zahlen, auf jeden Fall mindestens so hoch sein muss, wie das, was Ihre Freundin selbst dafür bezahlen muss. Der Preis sollte aber zusätzlich so viel Geld von allen Gästen zusammen einbringen, dass auch die fixen Kosten abgedeckt sind. Angenommen, Ihre Freundin plant, ihren Gästen für ein Glas Bier (0,2 l) 2 Euro zu berechnen. Sie selbst zahlt an die Brauerei pro Liter 2 Euro, also pro Glas 0,40 Euro. Die Differenz zwischen dem Verkaufspreis und den eigenen variablen Kosten beträgt für das Glas Bier 1,60 Euro. Diesen Betrag nennt man **Deckungsbeitrag**, weil er der **Beitrag** ist, der nach Abzug der variablen Kosten vom Umsatz übrig bleibt, um die fixen Kosten zu **decken**. Diese Berechnung muss Ihre Freundin für alle angebotenen Produkte durchführen.

Wenn sie alle Daten zusammengestellt hat, kann sie auch ausrechnen, wie viele Gäste notwendig sind, um alle Kosten auszugleichen. Die Rechenmethode wird in den folgenden Kapiteln (insbesondere in Kapitel 7.2) näher erläutert. Hier nur ein kurzes Rechenbeispiel zum Einstimmen: Ihre Freundin rechnet mit fixen Kosten pro Monat in Höhe von 12.000 Euro. Sie will durchschnittlich auf ihre eigenen Kosten für Essen und Getränke einen Aufschlag von 300 % verlangen; der Preis für die Gäste beträgt demnach das Vierfache des Einkaufspreises. Die Berechnung nimmt sie dann wie folgt vor:

- fixe Kosten = 12.000 Euro
- variable Kosten + 300 % Aufschlag = Verkaufspreis
- variable Kosten = 25 % x Verkaufspreis
- Deckungsbeitrag = Verkaufspreis – variable Kosten = 75 % x Verkaufspreis
- Deckungsbeitragsprozentsatz = 75 % (vom Preis bzw. Umsatz)
- Mindestumsatz = fixe Kosten : Deckungsbeitragsprozentsatz = 12.000 : 75 % = 16.000 Euro pro Monat
- Mindestanzahl Gäste bei ca. 16 Euro Verzehr pro Gast pro Abend = 16.000 Euro : 16 Euro/Gast = 1.000 Gäste pro Monat; wenn sie 25 Abende im Monat geöffnet hat, sind das im Schnitt 40 Gäste pro Abend

Der errechnete Mindestumsatz ist der Umsatz am sogenannten »Break-Even-Punkt«. An diesem Punkt sind gerade alle Kosten erwirtschaftet. Jeder zusätzliche Umsatz bedeutet einen Gewinn.

Mit diesem Ergebnis ist Ihre Freundin schon sehr zufrieden. Jetzt wird sie kreativ und meint, man könne ja auch einen Fernseher mit Großbild-Leinwand in der Kneipe installieren und einen Pay-TV-Sender abonnieren. Dann wäre der Laden bei interessanten Fußballspielen sicher voll. Allerdings bräuchte sie wegen der vielen Gäste auch mehr Bedienungspersonal als sonst, das wiederum zusätzliche Kosten verursachen würde. Und auch die fixen Kosten würden sich durch die Programmmiete und zusätzliche Abschreibungen erhöhen.

Um herauszufinden, ab welcher Gästezahl sich die Anschaffung des Fernsehers und eine zusätzliche Bedienung lohnen würde, braucht Ihre Freundin die »alten« fixen Kosten nicht mehr in ihre Entscheidung einzubeziehen. Es genügt, wenn sie berechnet, was ihr nach Abzug ihrer eigenen Kosten für Essen und Getränke vom Umsatz der **zusätzlichen** Gäste übrig bleibt, um die **zusätzliche** Bedienung und die **neuen** fixen Kosten zu finanzieren. Es könnte sogar sein, dass sie an Fußballabenden die Preise senken kann, um mehr Gäste anzulocken, weil sie ja nur noch die zusätzlichen Kosten erwirtschaften muss, wenn alle anderen Kosten schon durch das »normale« Geschäft verdient sind.

Alle diese Entscheidungen kann Ihre Freundin nur treffen, wenn sie fixe und variable bzw. entscheidungsrelevante und nicht entscheidungsrelevante Kosten trennt. Dazu ist die Deckungsbeitragsrechnung ein gutes Hilfsmittel, weil sie auf einer Teilkostenrechnung aufbaut, die zwischen fixen und variablen Kosten unterscheidet. In den bisherigen Kapiteln wurde immer nach der sogenannten Vollkostenrechnung vorgegangen, bei der ein Teil der Kosten pauschal zugerechnet wird. Ein erster Versuch der Trennung verschiedener Kostentypen wurde allerdings schon in den Kapiteln 6.2 und 6.3 gestartet. Dort wurden spezielle Profit-Center-Kosten aus den pauschalen Zuschlägen herausgerechnet und den Profit Centern direkt zugewiesen. Vielleicht erinnern Sie sich noch an die Personalkosten der Verkäufer und die Ladenmiete, die den Filialen der Großbäckerei direkt zugerechnet wurden, sowie die Werbe- und Reisekosten, die verschiedenen Kundengruppen der Mediaagentur direkt zugerechnet wurden. Die konsequente Fortführung dieses Prinzips finden Sie in Kapitel 7.5.

In dem Kneipenbeispiel ist eine Entscheidungssituation bereits angesprochen worden, in der die Deckungsbeitragsrechnung zur Hilfe herangezogen werden kann, nämlich:
1. die Bestimmung des Umsatzes im Break-Even-Punkt: Wie viel Umsatz brauchen Sie, um Ihre Kosten zu erwirtschaften bzw. Gewinn zu machen?
   Vier weitere Entscheidungssituationen kommen jetzt dazu:
2. Bestimmung der kurzfristigen Preisuntergrenze
3. Outsourcing-Entscheidungen (Fremdvergabe/Make-or-Buy)
4. Entscheidungen über Profit-Center-Ergebnisse
5. Entscheidungen über das Produkt-/Dienstleistungssortiment

Diese fünf Punkte sind für die weiteren Überlegungen maßgeblich. Sie können sich damit die Deckungsbeitragsrechnung Schritt für Schritt anhand der nächsten fünf Unterkapitel (7.2 bis 7.6) erarbeiten.

7.2 Break-Even-Analyse – Wie viel Umsatz brauchen Sie, um Gewinn zu machen?

Welchen Umsatz müssen Sie mindestens erwirtschaften, um Gewinn zu machen? Dies ist wohl eine der wichtigsten Fragen für Existenzgründer, aber auch für jedes andere Unternehmen. Banken verlangen von Existenzgründern, dass sie über diese Daten Bescheid wissen, bevor sie bereit sind, ihnen Geld zu leihen. In anderen Unternehmen wird diese Information u. a. benötigt, um die optimale Ausstattung an Personal und Maschinen zu ermitteln.

Check-point 2

Die Methode zur Ermittlung des Umsatzes im Break-Even-Punkt (Break-Even-Umsatz) ist unabhängig von der Branche, in der Sie tätig sind. Das folgende Beispiel ist deshalb für alle Branchen anwendbar und bewusst einfach gehalten, um die wesentlichen Punkte herauszustellen.

Beispiel zur Break-Even-Analyse:

!

Wenn Sie in Ihrem Unternehmen für das kommende Jahr Kosten in Höhe von 10,5 Mio. Euro eingeplant haben, liegt Ihr Break-Even-Umsatz genau bei 10,5 Mio. Euro. Sie erwirtschaften mit diesem Umsatz genau Ihre Kosten und noch keinen Gewinn.

	Euro
Umsatz	10.500.000
– Kosten	10.500.000
= Erfolg	0

Sie werden möglicherweise einwenden, dass das eine eher theoretische Überlegung ist, weil Sie Ihre Kosten für das nächste Jahr nicht schätzen können, wenn Sie nicht wissen, welchen Umsatz Sie voraussichtlich machen werden. Das ist richtig. Wenn Sie beispielsweise einen Umsatz von 12 Mio. Euro und Kosten in Höhe von 10,5 Mio. Euro erwarten, rechnen Sie mit einem Gewinn von 1,5 Mio. Euro.

	Euro
Umsatz	12.000.000
– Kosten	10.500.000
= Erfolg	1.500.000

Was sagt ein Break-Even-Umsatz in dieser Situation aus? Er zeigt Ihnen an, wie weit Ihr Umsatz sinken darf, bevor Sie Verlust machen! Also liegt Ihr Break-Even-Umsatz immer noch bei 10,5 Mio. Euro: Wenn Ihre Preise so weit sinken, dass der Umsatz bis auf 10,5 Mio. Euro zurückgeht, machen Sie keinen Gewinn mehr. Wenn Sie befürchten, dass Sie Umsatz durch **Preisnachlässe** verlieren, hat Ihr Break-Even-Umsatz genau die Höhe Ihrer derzeitigen Gesamtkosten. Sie sehen, er ist einfach abzulesen.

Was ist aber, wenn Sie einen Umsatzrückgang durch **sinkende Absatzzahlen** für wahrscheinlicher halten? In diesem Fall geht nicht nur der Umsatz zurück, sondern auch die vom Umsatz abhängigen variablen Kosten.

Wie weit die Kosten zurückgehen, hängt davon ab, wie hoch der Anteil der variablen Kosten am Umsatz ist. Im Kneipenbeispiel lag dieser Anteil bei 25%. Das würde hier – bei einem Umsatz von 12 Mio. Euro – bedeuten, dass die variablen Kosten 3 Mio. Euro betragen. Da sich die Gesamtkosten auf 10,5 Mio. Euro belaufen, liegen die fixen Kosten bei 7,5 Mio. Euro (10,5 Mio. Euro Gesamtkosten – 3 Mio. Euro variable Kosten = 7,5 Mio. Euro fixe Kosten).

Wenn jetzt der Umsatz von 12 Mio. Euro auf 10,5 Mio. Euro sinkt, sinken gleichzeitig die variablen Kosten von 3 Mio. Euro auf 2,625 Mio. Euro, weil sie weiterhin 25% des Umsatzes ausmachen (25% von 10,5 Mio. = 2,625 Mio.). Anders ausgedrückt: Sinkt der Umsatz von 12 auf 10,5 Mio. Euro, d.h. um 12,5%, sinken auch die variablen Kosten um 12,5%, nämlich von 3 Mio. Euro auf 2,625 Mio. Euro. Das wiederum bedeutet, dass zusammen mit den fixen Kosten von 7,5 Mio. Euro insgesamt nur noch 10,125 Mio. Euro an Gesamtkosten anfallen. Bei einem Umsatz von 10,5 Mio. Euro hätten Sie immer noch einen Gewinn von 0,375 Mio. Euro. Der Umsatz von 10,5 Mio. Euro kann demnach nicht Ihr Break-Even-Umsatz sein.

	vorher Euro	nachher Euro
Umsatz	12.000.000	10.500.000
– variable Kosten (25% des Umsatzes)	3.000.000	2.625.000
= **Deckungsbeitrag**	**9.000.000**	**7.875.000**
– fixe Kosten	7.500.000	7.500.000
= **Erfolg**	**1.500.000**	**375.000**

Der Break-Even-Umsatz muss bei Absatzrückgängen niedriger sein als bei Preisnachlässen, weil mit dem Umsatz auch die Kosten sinken. Er ist hier erst bei 10 Mio. Euro erreicht. Die variablen Kosten betragen dann 2,5 Mio. Euro (25% von 10 Mio.).

	vorher Euro	nachher Euro
Umsatz	12.000.000	10.000.000
– variable Kosten (25% des Umsatzes)	3.000.000	2.500.000
= Deckungsbeitrag	9.000.000	7.500.000
– fixe Kosten	7.500.000	7.500.000
= Erfolg	1.500.000	0

Dieser Break-Even-Umsatz ist durch Ausprobieren nur mühsam zu ermitteln. Verwenden Sie einfach die folgende Formel:
Break-Even-Umsatz =
fixe Kosten : Deckungsbeitrag in Prozent vom Umsatz
Der Deckungsbeitrag in Prozent vom Umsatz (Deckungsgrad) beträgt im Beispiel 75%, weil die variablen Kosten 25% des Umsatzes ausmachen.
Der Break-Even-Umsatz BEU ist dann:
BEU = fixe Kosten : Deckungsgrad = 7.500.000 Euro : 75% = 10.000.000 Euro

Die in den Beispielen dargestellten Vorgehensweisen, um den Break-Even-Umsatz zu ermitteln, sind für die beiden idealtypischen Fälle gedacht, dass
- ein Umsatzrückgang **nur** durch Preisnachlässe zustande kommt; Berechnung: Break-Even-Umsatz = Gesamtkosten in der Ausgangssituation,
- ein Umsatzrückgang **nur** durch einen Absatzrückgang (Menge) zustande kommt: Break-Even-Umsatz = fixe Kosten : Deckungsgrad.

Nur Sie alleine können wissen, welcher der beiden Fälle für Ihr Unternehmen das wahrscheinlichere Risiko bzw. die wahrscheinlichere Chance darstellt. Sollte es Produkte geben, für die Sie eher einen Preisrückgang (bzw. Preiserhöhung) vermuten, und andere, für die Sie eher einen Absatzrückgang (bzw. Absatzerhöhung) erwarten, liegt Ihr Break-Even-Umsatz zwischen den beiden idealtypischen Fällen. Eine Beispielrechnung für den Fall einer gleichzeitigen Preis- und Mengenveränderung finden Sie in Kapitel 7.3. Beide Methoden sind natürlich auch für den Fall von Umsatz**erhöhungen** einsetzbar. Wenn Ihr Umsatz – z.B. als Existenzgründer – noch unterhalb des Break-Even-Umsatzes liegt, errechnen Sie mit dem BEU, welche Preis**steigerung** bzw. Absatz**steigerung** Sie erzielen müssen, damit Sie Ihren ersten Gewinn machen.

Die einzige Voraussetzung für die Anwendung der zweiten Formel ist die Kenntnis darüber, welche Kosten im Unternehmen fix sind und welche variabel. Das herauszufinden ist nicht so schwierig: Schauen Sie sich Position für Position Ihre Kostenarten an und überlegen Sie, welcher Teil dieser Kosten übrigbleiben würde, selbst wenn Sie zeitweise nichts produzieren bzw. keine Dienstleistung erbringen würden. Das sind die fixen Kosten. Die Kosten, die wegfallen würden, sind die variablen Kosten.

Unterschiedliche Unternehmenstypen haben unterschiedliche Anteile an variablen Kosten. Und auch innerhalb derselben Branche kann es Unterschiede geben. Dienstleistungsunternehmen, die überwiegend mit fest angestellten Mitarbeitern arbeiten, haben z.B. überwiegend fixe Kosten. Der prozentuale Anteil an variablen Kosten ist entsprechend relativ gering. Umgekehrt ist es aber, wenn ein Dienstleistungsunternehmen überwiegend mit Zeitarbeitskräften und Fremdfirmen arbeitet. Bei Produktionsunternehmen sind die Fixkosten umso höher, je teurer die eingesetzten Maschinen und Anlagen sind und je mehr fest angestelltes Personal vorhanden ist. Bei Handelsunternehmen stellt die Handelsware selbst variable Kosten dar. Dadurch wird der variable Kostenanteil relativ hoch.

Es gibt keine feste Richtgröße für den variablen Kostenanteil. Als Faustregel gilt: Je unsicherer das Geschäft ist, in dem Sie sich bewegen, d.h. je höher das Risiko starker Umsatzschwankungen ist, desto höher sollte der variable Kostenanteil sein. Damit verringern Sie das Risiko für Verluste.

Wenn Ihr variabler Kostenanteil bei unterschiedlichen Umsatzgrößenordnungen unterschiedlich hoch ist, berechnen Sie den Break-Even-Umsatz für die verschiedenen variablen Kostenanteile jeweils neu. Angenommen, bei Umsätzen zwischen zehn und zwölf Mio. Euro beträgt Ihr variabler Kostenanteil 25%. Bei deutlich mehr als zwölf Mio. Euro Umsatz müssen Sie aber mit einem variablen Kostenanteil von 30% rechnen, weil Sie deutlich mehr Fremdfirmen einsetzen. Oder die Mischung Ihres Produkt- bzw. Dienstleistungsprogramms verändert sich und damit auch der durchschnittliche Anteil der variablen Kosten am Umsatz. Dann sollten Sie den Break-Even-Umsatz neu berechnen. Auf den Arbeitshilfen online steht Ihnen in der Excel-Datei »Deckungsbeitragsrechnung« unter dem Titel BEU (Break-Even-Umsatz) eine Tabelle zur Verfügung, mit der Sie die Berechnung sehr einfach durchführen können. Nur die beiden grau hinterlegten Zahlenfelder für die fixen Kosten und den variablen Kostenanteil müssen ausgefüllt werden, der Deckungsgrad und der Break-Even-Umsatz werden dann automatisch angezeigt.

Break-Even-Umsatz (Rechenformular mit Zahlenbeispiel)

fixe Kosten	7.500.000 Euro	BEU
durchschnittlicher variabler Kostenanteil = variable Kosten : Umsatz in %	30,00%	
Deckungsgrad = Deckungsbeitrag : Umsatz in %	70,00%	
Break-Even-Umsatz	**10.714.286 Euro**	

7.3 So hoch sollen Ihre Verkaufspreise mindestens sein!

Check-
point 3 Mithilfe der Deckungsbeitragsrechnung können Sie ermitteln, wie weit Sie Ihre Verkaufspreise in verschiedenen Situationen senken können, ohne Ihren Gesamtgewinn zu reduzieren. Das Kneipenbeispiel hat schon ein paar Aspekte dieser Frage angesprochen: Je nach Blickwinkel und Situation sollte der Verkaufspreis für ein Produkt oder eine Dienstleistung mindestens so hoch sein, dass er Ihnen entweder

1. den gewünschten Gewinn garantiert oder
2. Ihre gesamten Kosten erwirtschaftet oder
3. nur etwas mehr als Ihre variablen Kosten einbringt.

Kaum ein Unternehmen kann heutzutage seinen Kunden den Preis diktieren. Der Preis wird vom Markt vorgegeben, und wenn Sie konkurrenzfähig bleiben wollen, müssen Sie sich danach richten. Umso wichtiger ist es, herauszufinden, ob der Marktpreis ausreicht, um Ihre Kosten zu erwirtschaften bzw. einen Gewinn zu erzielen. Das folgende Beispiel zeigt Ihnen drei unterschiedliche Situationen, die unterschiedliche Mindestverkaufspreise erfordern.

! **Beispiel zur Bestimmung des Mindestverkaufspreises (Dienstleistung):**
Stellen Sie sich vor, Sie betreiben ein kleines Ingenieurbüro, das sich auf reine Beratungsleistungen spezialisiert hat. Ihre Leistungen sind relativ homogen. Sie können sie daher nach Stunden abrechnen. Da Sie praktisch nur ein einziges Produkt vertreiben, ist es einfach, alle Kosten Ihres Büros auf dieses Produkt umzurechnen. Haben Sie für Ihren Betrieb z.B. jährliche Gesamtkosten in Höhe von 1 Mio. Euro bei 10.000 abrechenbaren Stunden, liegt Ihr Stundenkostensatz bei 100 Euro/Std. (1.000.000 Euro : 10.000 Std.).

1. Fall:
Sie möchten gerne 20% Gewinn machen (20% Ihrer Gesamtkosten). Das bedeutet, Sie müssen Ihre Stundenleistungen für 120 Euro/Std. verkaufen, um den gewünschten Gewinn zu realisieren (100 Euro/Std. x 1,2 = 120 Euro/Std.).

2. Fall:
Es genügt Ihnen, kostendeckend zu arbeiten. Das bedeutet, Sie verkaufen Ihre Stundenleistungen zu 100 Euro/Stunde.

3. Fall:
Manchmal kann es sich sogar lohnen, Aufträge anzunehmen, selbst wenn diese nicht kostendeckend sind. Sie haben fest angestellte Mitarbeiter, die für Ihre Aufträge Ingenieurleistungen erbringen. Es gibt Zeiten im Jahr, in denen Sie wenige Aufträge haben, z.B. in Urlaubszeiten. In diesen Zeiten fahren Sie regelmäßig Verluste ein. Sie sollten daher Ihre Preiskalkulation überdenken: Jeder Euro Umsatz ist in umsatzschwachen Zeiten besonders wertvoll. Ihre Leute müssen Sie bezahlen, gleichgültig ob sie arbeiten oder nicht. Sie haben für Aufträge in umsatzschwachen Zeiten nur wenige **zusätzliche** Kosten, vielleicht höchstens ein paar Reisekosten. Jeder Euro Umsatz, den Sie über diese Reisekosten hinaus verdienen (Deckungsbeitrag) führt dazu, dass Sie Ihren Verlust in der Zeit verringern.
Sie können den Verkaufspreis für Ihre Leistung so weit senken, bis Sie **zusätzliche** Aufträge am Markt gewinnen. Rein theoretisch könnten Sie den Preis bis fast auf die Reisekosten senken. Wenn Sie nicht einmal mehr die Reisekosten durch den Umsatz erwirtschaften, dürfen Sie den Auftrag nicht annehmen. Wenn Sie nur genau die Reisekosten decken, sollten Sie ihn nicht annehmen. Aber jeder Euro, der über die Reisekosten hinausgeht, bedeutet zusätzlichen Deckungsbeitrag, und das heißt, dass Sie damit insgesamt Ihren Gewinn erhöhen bzw. Ihren Verlust vermindern.

Der Mindestverkaufspreis muss nur etwas höher sein als die variablen Kosten. Diesen Mindestverkaufspreis nennt man die »kurzfristige Preisuntergrenze«, weil Sie diesen Preis immer nur für kurze Zeit ansetzen sollten, denn langfristig müssen natürlich alle Ihre Kosten erwirtschaftet werden.

Die Methode der kurzfristigen Preisuntergrenze funktioniert nur, wenn Sie drei wesentliche Bedingungen beachten:
- Es müssen Personalkapazitäten für die zusätzliche Beratungsleistung frei sein.
- Die Methode kann man nur kurzfristig anwenden. Mittel- und langfristig müssen immer **alle** Ihre Kosten erwirtschaftet werden. Sie können lediglich umsatzschwache Zeiten überbrücken, müssen aber in umsatzstarken Zeiten den Verlust wieder ausgleichen.
- Achten Sie darauf, dass Ihre Stammkunden nicht auf umsatzschwache Zeiten ausweichen können. Wenn Ihre Stammkunden entdecken, dass Sie Ihre Leistungen zu bestimmten Jahreszeiten erheblich preiswerter anbieten, werden sie immer nur zu diesen Zeiten kaufen wollen. Damit würden Sie keinen zusätzlichen Umsatz erzielen, sondern Sie würden nur »guten« Umatz in umsatzstarken Zeiten gegen »schlechten« Umsatz in umsatzschwachen Zeiten eintauschen.

! **Beispiel zur Bestimmung des Mindestverkaufspreises (Produktion):**

Auch die Großbäckerei aus Kapitel 6.2 kann mit der Methode der absoluten Preisuntergrenze ihren Mindestverkaufspreis in den drei verschiedenen Situationen bestimmen:

1. Fall:

Die Brötchen verursachen Gesamtkosten in Höhe von 213,92 Euro pro 1.000 Stück. Wenn Sie einen Gewinn von 15% der Gesamtkosten erwirtschaften wollen, muss der Preis pro 1.000 Brötchen bei 246,01 Euro liegen (213,92 Euro x 1,15), pro Stück also bei mindestens 0,25 Euro.

2. Fall:

Erwarten Sie »nur«, dass Ihre gesamten Kosten erwirtschaftet werden, genügt ein Verkaufspreis von 213,92 Euro pro 1.000 Stück oder 0,21392 Euro pro Stück. Der Preis müsste zwischen 0,21 und 0,22 Euro pro Stück liegen. Eine generelle Abrundung auf 0,21 Euro wäre hier falsch, weil Sie dann insgesamt doch keine Vollkostendeckung erreichen würden.

3. Fall:

Angenommen, Sie haben jeden Sommer Umsatzeinbußen, weil viele Ihrer Stammkunden in Urlaub sind und Sie wenig Laufkundschaft haben. Sie könnten versuchen, in dieser Zeit andere Kunden zu gewinnen, wie z. B. Krankenhäuser, Hotels etc., denen Sie im Sommer Ihre Produkte zu deutlich niedrigeren Preisen anbieten. Im Extremfall brauchen Sie nur etwas mehr zu verdienen als Ihre variablen Kosten, um einen positiven Deckungsbeitrag zu erwirtschaften. Das ist immer noch besser, als wenn Sie gar nichts zusätzlich verkaufen.

So könnten Sie wenigstens einen Teil Ihrer fixen Kosten in dieser Zeit ausgleichen und somit Ihren Verlust in diesem Zeitraum mindern. Auf jeden Fall müsste der Preis immer noch die variablen Materialeinzelkosten (18,30 Euro/1.000 Stck.) einbringen. Auch wenn die Fertigungskosten überwiegend fix sind, hängen sie doch so eng mit dem Produkt zusammen, dass Sie sie ebenfalls einrechnen sollten. Es kämen 85,00 Euro pro 1.000 Brötchen hinzu. Das ergäbe einen Mindestverkaufspreis von 103,30 Euro pro 1.000 Brötchen bzw. 0,1033 Euro pro Brötchen.

Nicht nur im Dienstleistungsbereich gibt es einen großen Spielraum für Preisverhandlungen, wenn Sie neue Kunden für umsatzschwache Zeiten gewinnen möchten. Die Großbäckerei braucht ihren Preis auch sicher nicht wirklich bis auf zehn Cent pro Brötchen zu senken, um deutlich mehr verkaufen zu können als zum normalen Preis. Empfehlenswert ist diese Strategie allerdings auch hier nur kurzfristig, nur in Zeiten nicht ausgelasteter Kapazitäten und nur dann, wenn die Stammkundschaft nicht auf die Niedrigpreiszeiten ausweichen kann.

7.4 Hilfe bei Outsourcing-Entscheidungen (Make-or-Buy)

Outsourcing-Entscheidungen sind langfristig gültige Make-or-Buy-Entscheidungen. Im Wesen unterscheiden sich die beiden Situationen aber nicht voneinander. Es geht in beiden Fällen darum, herauszufinden, ob es sich lohnt, Leistungen, die Sie bisher selbst erbracht haben, von anderen erbringen zu lassen.

Check-
point 4

Beispiel für eine Outsourcing-Entscheidung (Einzelauftrags-Fertigung): **!**

Angenommen, Ihr Unternehmen ist ein mittelgroßes Filmproduktionsunternehmen, hat bisher ausschließlich eigene Kameraleute beschäftigt und denkt darüber nach, in Zukunft einen Teil der Aufnahmen an Fremdfirmen zu vergeben. Es stellt sich heraus, dass eine der angefragten Fremdfirmen bei gleicher Produktionsqualität und -dauer einen Tagessatz anbietet, mit dem Sie bisher gerade Ihre variablen Kosten (hier z.B. Materialkosten) decken konnten.

Was würden Sie tun?

Selbstverständlich würden Sie ab sofort nur noch Kameraleute von dieser Fremdfirma einsetzen und Ihre eigenen Kameraleute entlassen.

Ein unrealistisches Beispiel? Stimmt!

Es zeigt aber deutlich, dass in einem solchen Fall die Entscheidung für das Outsourcing zwangsläufig ist: Wenn ein Anbieter auf dem Markt die gleichen (Teil-)Leistungen günstiger anbietet als Ihre eigenen variablen Kosten, lohnt sich das Outsourcing auf jeden Fall. Allerdings muss man sich dann die Frage stellen, warum der Fremdanbieter einen so günstigen Preis anbieten kann und ob er ihn auch dauerhaft durchhält oder in naher Zukunft massiv erhöhen muss, um nicht pleitezugehen.

Realistischer ist der Fall, dass der Tagessatz, den Ihnen die Fremdfirma angeboten hat, zwar deutlich über Ihren eigenen Materialkosten liegt, aber immer noch unter dem Satz, den Sie intern für den Einsatz Ihrer eigenen Kameraleute kalkuliert haben. Die Kalkulation des Tageskostensatzes für den Bereich Kameraleute könnte wie folgt aussehen: Der Bereich hat eigene Personal- und Sachkosten. Hinzu kommen die Materialkosten, die ebenfalls in den Tagessatz eingerechnet werden sollen, weil sie pro Tag in ungefähr gleicher Höhe anfallen, sowie Umlagen für Gemeinkosten, die auf den Bereich entfallen.

Für ein Jahr könnte sich die folgende Aufstellung ergeben:

- Personalkosten: 450.000 Euro
- Sachkosten: 50.000 Euro
- Materialkosten: 150.000 Euro
- Umlagen: 100.000 Euro

Insgesamt sind das Kosten in Höhe von 750.000 Euro pro Jahr. Diese sollen sich auf 1.500 Kameratage im Jahr verteilen. Der Tageskostensatz beträgt demnach 500 Euro/Tag (750.000 Euro : 1.500 Tage).

Der externe Anbieter hat Ihnen einen Tagessatz von 450 Euro pro Tag angeboten. Sie könnten somit zu dem Schluss kommen, dass es sich lohnt, keine eigenen Kameraleute mehr einzusetzen, sondern nur noch Fremdfirmen zu beschäftigen. Wenn Sie 1.500 Tage mit Ihrem eigenen Tageskostensatz multiplizieren, kommen Sie auf Kosten in Höhe von 750.000 Euro pro Jahr, wenn Sie sie mit dem Tagessatz der Fremdfirma multiplizieren, kommen Sie nur auf 675.000 Euro (450 Euro x 1.500 Tage). Im Ergebnis würden Sie damit rechnen, Ihren Gewinn um 75.000 Euro erhöhen zu können.

Diese Entscheidung für ein langfristiges Outsourcing könnte aus folgenden Gründen falsch sein:

1. Die Umlagen machen insgesamt 100.000 Euro pro Jahr aus. Wenn Sie Ihre Kameraleute outsourcen, fallen nicht zwingend alle Gemeinkosten, die auf den Bereich umgelegt wurden, weg, insbesondere nicht die Zuschläge für Verwaltung und Vertrieb. Diese Kosten würden sich in Zukunft nur auf andere Bereiche verteilen. Wenn Sie die 100.000 Euro gar nicht einsparen können, machen Sie nicht – wie erwartet – 75.000 Euro mehr Gewinn, sondern sogar 25.000 Euro weniger Gewinn als vorher.

2. Wenn Sie langfristig outsourcen, können Sie dennoch Ihr Personal nicht sofort entlassen. Die Personalkosten gehen erst nach einer gewissen Zeit zurück, und es entstehen zusätzliche Aufwendungen für Abfindungen etc.

3. Selbst wenn Sie alle Umlagen nach dem Outsourcing tatsächlich abbauen, alle Kameraleute entlassen oder anderweitig einsetzen und auch alle Sachkosten einsparen können, bleibt immer noch das Risiko einer Kostenerhöhung: Angenommen, Sie haben statt 1.500 Tagen in diesem Jahr 1.800 Kameratage benötigt. Ihre Kosten steigen dann von den geplanten 675.000 Euro auf 810.000 Euro (450 Euro/Tag x 1.800 Tage). Wenn Sie die zusätzlichen 300 Tage gebraucht haben, weil Sie mehr produziert und mehr verkauft haben, sind diese Kosten ausgeglichen. Aber wenn nur mehr Kameratage für denselben Umsatz verbraucht wurden, haben Sie vielleicht die Qualität und Geschwindigkeit Ihrer eigenen Leute und die Synergieeffekte innerhalb Ihres Unternehmens unterschätzt. Bisher konnte vieles »auf dem kleinen Dienstweg« erledigt werden, Ihre Leute waren flexibler einsetzbar und konnten auch zu unbeliebten Zeiten (Wochenende, später Abend etc.) herangezogen werden. Die Fremdfirma berechnet aber offensichtlich sofort zusätzliche Zeiten, evtl. sogar zu höheren Preisen.

4. Es stellt sich die Frage, ob Sie sich noch als Filmproduktionsunternehmen bezeichnen dürfen, wenn Sie keine eigenen Kameraleute mehr haben. Sie

könnten über kurz oder lang das Know-how in diesem Bereich verlieren. Ihre Kunden werden Ihnen nicht mehr zutrauen, dass Sie die gewünschte Leistung auch erbringen können, wenn Sie keine Kernkompetenzen mehr vorweisen können. Kernkompetenzen dürfen nicht komplett ausgelagert werden.

Alle diese Punkte sind vor einer langfristigen Outsourcing-Entscheidung zu bedenken. Und selbst wenn es sich nur um eine kurzfristige Make-or-Buy-Entscheidung handelt, um eigene Kapazitätsengpässe auszugleichen, sind zumindest die ersten zwei genannten Punkte zu bedenken: Gemeinkosten und Personalkosten können nicht (sofort) abgebaut werden.

Wenn Sie Fremdfirmen nur zur Überbrückung von kurzfristigen Kapazitätsengpässen einsetzen, kann das sogar auch dann noch sinnvoll sein, wenn der externe Preis höher ist, als Ihr eigener Kostensatz. Da Sie die Fremdfirmen nur bezahlen müssen, wenn Sie sie auch einsetzen, müssen Sie für Ihre Entscheidung die **Gesamtkosten im Jahr** gegenüberstellen. Solange die Gesamtkosten für die Fremdfirmen immer noch unter den Kosten liegen, die Ihnen entstehen, wenn Sie für die kurzfristigen Engpässe neue eigene Leute einstellen, lohnt sich das Outsourcing. Die Inanspruchnahme von Fremdfirmen ist variabler und birgt damit weniger Risiko. Wenn Ihre Kosten für die Fremdfirmen allerdings insgesamt im Jahr höher sind als die Nutzung eigener Kapazitäten, sollten Sie Ihre Eigenleistungen neu planen (»Insourcing«).

Wie kann die Deckungsbeitragsrechnung Sie nun dabei unterstützen, eine mögliche Fehlentscheidung zum Outsourcing zu vermeiden? Die Deckungsbeitragsrechnung rechnet einem Produkt grundsätzlich nur die Kosten zu, die sich ihm verursachungsgerecht zuordnen lassen. Das sind in der Regel auf jeden Fall die variablen Kosten und vielleicht noch ein Teil der fixen Kosten. Die übrigen fixen Kosten werden dort belassen, wo sie hingehören, nämlich auf der Unternehmensebene. Für das Filmproduktionsunternehmen sollten dem Kamerabereich deshalb nur die Materialkosten als variable Kosten und die Personalkosten der Kameraleute als eindeutig zurechenbare fixe Kosten zugerechnet werden. Nur diese Kosten können Sie einsparen, wenn Sie die Leistungen outsourcen, nicht aber die Sachkosten und die Gemeinkostenumlage.

7.5 Von der einstufigen zur mehrstufigen Deckungsbeitragsrechnung

Check-
point 5

Wie das letzte Beispiel zeigt, reicht es häufig nicht aus, nur die variablen Kosten und den Deckungsbeitrag zu bestimmen. Auch die fixen Kosten sind zum Teil entscheidungsrelevant, insbesondere dann, wenn es um langfristige Entscheidungen geht (z.B. Outsourcing). Deshalb reicht meist eine einfache (einstufige) Deckungsbeitragsrechnung zur Entscheidungsfindung nicht aus. Im folgenden Beispiel wird zunächst eine einstufige Deckungsbeitragsrechnung aufgebaut, um sie anschließend in eine mehrstufige überzuleiten.

!

Beispiel einstufige Deckungsbeitragsrechnung (Einzelauftrags-Fertigung):

Für das Beispiel wird wieder auf die Filmproduktion zurückgegriffen. Der Bereich Kameraleute ist aber jetzt ein Profit Center, das nicht nur intern Leistungen erbringt, sondern auch Umsatz am externen Markt erzielt. Die Kameraleistungen werden intern **und** extern mit einem Verrechnungspreis abgerechnet, der dem externen Marktpreis entspricht. Das Profit Center leistet im Jahr 1.500 produktive Tage, von denen extern 500 Tage und intern 1.000 Tage abgerechnet werden, beides zu einem Marktpreis von 450 Euro pro Tag. Bei gleicher Kostensituation wie in Kapitel 7.4 (Beispiel zum Outsourcing) ergibt sich am Ende des Jahres für das Profit Center die folgende Erfolgsrechnung.

Erfolgsrechnung Profit Center »Kamera«

ER PC
Kamera

	Euro
Externer Umsatz (500 Tage x 450 Euro/Tag)	225.000
Interner Umsatz (1.000 Tage x 450 Euro/Tag)	450.000
Gesamtumsatz	**675.000**
Materialkosten	150.000
Personalkosten	450.000
Sachkosten	50.000
Umlagen	100.000
Gesamtkosten	**750.000**
Profit-Center-Erfolg	**– 75.000**

Um die einstufige Deckungsbeitragsrechnung für das Gesamtunternehmen darstellen zu können, wird das Beispiel durch ein fiktives Profit Center »Übrige« ergänzt, das alle weiteren Bereiche des Unternehmens enthalten soll.

Erfolgsrechnung Profit Center »Übrige«

	Euro
Externer Umsatz	500.000
Interner Umsatz	400.000
Gesamtumsatz	**900.000**
Materialkosten	300.000
Personalkosten	250.000
Sachkosten	50.000
Umlagen	200.000
Gesamtkosten	**800.000**
Profit-Center-Erfolg	**100.000**

ER PC Übrige

Das Profit Center »Kamera« hat einen negativen Profit-Center-Erfolg, das Profit Center »Übrige« einen positiven. Diese Profit-Center-Erfolge dürfen aber nicht alleine zur Beurteilung der Profit Center verwendet werden, da Teile der zugerechneten Kosten pauschal zugeordnet wurden. Sie würden nicht wegfallen, wenn man das jeweilige Profit Center schließen würde. Zur Beurteilung der Profit Center dürfen nur die von ihm selbst beeinflussbaren Kosten berücksichtigt werden. Beide Profit Center haben eindeutig zurechenbare Umsätze und eindeutig zurechenbare variable Kosten (Materialkosten). In einer Deckungsbeitragsrechnung werden die variablen und die fixen Kosten getrennt ausgewiesen. Der Deckungsbeitrag ist der Umsatz abzüglich der variablen Kosten. Diese Zwischenstufe enthält für jedes Profit Center den Teilerfolg, den das Profit Center auch wirklich zu verantworten hat. Alle fixen Kosten werden bei der einstufigen Deckungsbeitragsrechnung nur auf Unternehmensebene dargestellt.

Einstufige Deckungsbeitragsrechnung

Ein-
stufige
DBR

(Werte in Euro)	PC Kamera	PC Übrige	Gesamt
Externer Umsatz	225.000	500.000	725.000
Interner Umsatz	450.000	400.000	850.000
Gesamtumsatz	**675.000**	**900.000**	**1.575.000**
Materialkosten	150.000	300.000	450.000
Deckungsbeitrag	**525.000**	**600.000**	**1.125.000**
Personalkosten			700.000
Sachkosten			100.000
Umlagen			300.000
Fixe Kosten			*1.100.000*
Unternehmenserfolg			**25.000**

Nach der **einstufigen** Deckungsbeitragsrechnung ist eine Beurteilung der Profit Center nur bis zum Deckungsbeitrag möglich. Die fixen Kosten müssen bei Entscheidungen über die Profit Center unberücksichtigt bleiben. Danach hat das Profit Center »Kamera« einen Beitrag von 525.000 Euro zum Unternehmenserfolg geleistet, das Profit Center »Übrige« in Höhe von 600.000 Euro. Betrachten Sie, wie viel jedes Profit Center aus »seinem« Umsatz herausgeholt hat, steht das Profit Center »Kamera« mit 78% (525.000 : 675.000) deutlich besser da als das Profit Center »Übrige« mit 67% (600.000 : 900.000). Diese Größe zur Beurteilung von Produkten oder Profit Centern wurde bereits in einem der vorigen Kapitel eingeführt und wird »Deckungsgrad« genannt.

Check-
point 6

Die Situation ist aber noch nicht zufriedenstellend, weil es auch fixe Kosten geben könnte, die von einem Profit Center verursacht wurden, ihm aber nach der einstufigen Deckungsbeitragsrechnung nicht belastet werden. Typische fixe Kosten dieser Art sind Personalkosten, die spezifische Profit-Center-Kosten darstellen können. Aus diesen Überlegungen heraus wurde die mehrstufige Deckungsbeitragsrechnung entwickelt, die eine weitere Aufteilung der fixen Kosten vorsieht. Das folgende Beispiel zeigt eine mehrstufige Deckungsbeitragsrechnung mit zwei Stufen.

Beispiel zweistufige Deckungsbeitragsrechnung (Einzelauftrags-Fertigung): !

Das Beispiel wird wie folgt fortgesetzt: Es wird angenommen, dass sich von den gesamten fixen Kosten die Personalkosten eindeutig den Profit Centern zurechnen lassen. Sie können aus den gesamten fixen Kosten auf Unternehmensebene herausgerechnet und damit auch als entscheidungsrelevante Größen eingestuft werden. Sie werden hinter dem Deckungsbeitrag als spezifische Profit-Center-Kosten berücksichtigt. Dadurch ergibt sich eine weitere Deckungsbeitragsstufe. Der Deckungsbeitrag der einstufigen Deckungsbeitragsrechnung wird als Deckungsbeitrag 1 bezeichnet und der Deckungsbeitrag nach Abzug der spezifischen Profit-Center-Kosten als Deckungsbeitrag 2.

Zweistufige Deckungsbeitragsrechnung

(Werte in Euro)	PC Kamera	PC Übrige	Gesamt
Externer Umsatz	225.000	500.000	725.000
Interner Umsatz	450.000	400.000	850.000
Gesamtumsatz	**675.000**	**900.000**	**1.575.000**
Materialkosten	150.000	300.000	450.000
Deckungsbeitrag 1	**525.000**	**600.000**	**1.125.000**
Personalkosten	450.000	250.000	700.000
Deckungsbeitrag 2	**75.000**	**350.000**	**425.000**
Sachkosten			100.000
Umlagen			300.000
unternehmensfixe Kosten			*400.000*
Unternehmenserfolg			**25.000**

Zwei-
stufige
DBR

Die Beurteilung der Profit Center erfolgt bei der zweistufigen Deckungsbeitrags-rechnung auf der Grundlage des Deckungsbeitrags 2. Sie treffen Ihre Entschei-dungen auf der Grundlage der Erfolgsstufe, die auch wirklich von dem Profit Center beeinflussbar ist. Im Beispiel zeigt sich, dass das Profit Center »Kamera« nach Zuordnung der von ihm verursachten Personalkosten deutlich schlechter abgeschnitten hat als das Profit Center »Übrige«. Das gilt sowohl für den abso-luten Deckungsbeitrag 2 (75.000 Euro gegenüber 350.000 Euro) als auch für den Deckungsgrad (11% gegenüber 39% vom jeweiligen Umsatz).

Beide Profit Center erwirtschaften aber noch einen positiven Deckungsbeitrag 2. Es wäre demnach kurzfristig nicht empfehlenswert, ein Profit Center zu schließen, da sie beide einen Beitrag zum Ausgleich der unternehmensfixen Kosten leisten. Für die langfristige Entscheidung ist maßgeblich, welche der übrigen fixen Kosten abgebaut werden können, wenn ein Profit Center geschlossen würde.

Vielleicht haben Sie auch schon einmal eine mehrstufige Deckungsbeitrags-rechnung mit mehr als zwei Stufen gesehen. Sie kommt zustande, wenn z. B. weitere spezifische Profit-Center-Kosten ausgegliedert werden können. Eine andere Möglichkeit ist, dass Profit Center zu übergeordneten Bereichen zusammengefasst werden. Dann wird eine weitere Ebene mit bereichsfixen Kosten eröffnet, die aus den gesamten fixen Kosten herausgerechnet wer-den und den Bereichen verursachungsgerecht zugeordnet werden können. Da solche Zusammenfassungen in jedem Unternehmen individuell verschie-den sind, verbirgt sich hinter den Bezeichnungen Deckungsbeitrag 2 (3, 4, ...) praktisch in jedem Unternehmen etwas anderes!

Ein fiktives Zahlenbeispiel für eine mehrstufige Deckungsbeitragsrechnung ist in der folgenden Tabelle dargestellt. Es entsteht eine trichterförmige Zu-spitzung der Deckungsbeitragsstufen (DB 1 bis DB 4) bis zu den unterneh-mensfixen Kosten, die sich keiner Untergruppe mehr verursachungsgerecht zurechnen lassen.

Mehrstufige Deckungsbeitragsrechnung (fiktives Zahlenbeispiel)

Profit Center	I				II		Gesamt
Produktgruppen	1		2		3		
Produkte	A	B	C	D	E	F	
Umsatz	300	200	400	500	100	300	1.800
variable Kosten	50	150	250	300	50	100	900
DB 1	250	50	150	200	50	200	900
fixe Produktkosten	10	20	15	30	40	20	135
DB 2	240	30	135	170	10	180	765
fixe Produktgruppenkosten	40		80		120		240
DB 3	230		225		70		525
fixe Profit-Center-Kosten	200				150		350
DB 4	255				−80		175
unternehmensfixe Kosten							120
Unternehmenserfolg							55

Mehr-
stufige
DBR

Diese Trichterform muss als idealtypisch angesehen werden, da sich in der Realität nicht immer Produktgruppen zu Profit Centern zusammenfassen lassen, sondern andere oder weitere Kriterien für die Bildung von Profit Centern herangezogen werden. Realistischer ist daher, dass für jeden gewünschten Blickwinkel im Unternehmen eine eigene mehrstufige Deckungsbeitragsrechnung aufgebaut wird, z. B. eine nach Kundengruppen, eine nach Produktgruppen, eine nach Regionen etc.

Wenn Sie Ihre Profit-Center-Leiter und vielleicht auch die anderen Mitarbeiter der Profit Center erfolgsorientiert entlohnen wollen, werden Sie als Zielgröße sicher nie alleine den Umsatz festlegen. Das verleitet dazu, möglichst viel Umsatz zu akquirieren, ohne darauf zu achten, dass es sich um »guten« Umsatz handelt, der viel Gewinn einbringt. Wenn Sie Ihren Umsatz um 100.000 Euro steigern können, Ihre Kosten aber um den gleichen Betrag steigen, nützt Ihnen dieser Umsatz nichts. Daher ist es sinnvoller, zumindest als eine weitere Zielgröße den Deckungsbeitrag (der richtigen Stufe) zu wählen. Nur so erreichen Sie, dass die Ziele Ihrer Mitarbeiter in dieselbe Richtung laufen, wie die Ziele Ihres Unternehmens.

7.6 Stellen Sie Ihr Produkt-/Dienstleistungssortiment richtig zusammen

7.6.1 Finden Sie die Verlustbringer!

Überprüfen Sie regelmäßig Ihr Produktsortiment! Wenn sich Verlustbringer darunter befinden, sollten Sie sich vielleicht von diesen Produkten trennen. Und nur, wenn Sie Ihre Gewinnbringer kennen, können Sie diese fördern. Wie können Sie herausfinden, ob Sie mit einem Produkt Gewinn oder Verlust machen? Dazu wurde bereits in Kapitel 3 die Produkterfolgsrechnung eingeführt. Nachfolgend werden die dort angestellten Überlegungen im Sinne der Deckungsbeitragsrechnung weiter vertieft.

! **Beispiel zur Produktsortiment-Planung (Produktion):**
Nehmen Sie die Produktkalkulation der Großbäckerei aus Kapitel 3.2 für das Brötchen. Unterstellen Sie aber einmal, dass Sie mit dem Produkt statt 46,08 Euro pro 1.000 Brötchen Gewinn einen Verlust von 20,00 Euro pro 1.000 Brötchen (0,02 Euro/ Stck.) erwirtschaften.
Sie haben bisher insgesamt 1.000.000 Brötchen pro Jahr verkauft. Wenn Sie sich entscheiden, das Produkt nicht mehr zu produzieren, erwarten Sie eine Gewinnsteigerung von 20.000 Euro pro Jahr (1.000.000 Stück x 0,02 Euro/Stück), weil Sie den Verlustbringer aus dem Programm genommen haben.

Tatsächlich tritt hier aber die gleiche Dynamik ein, wie bei der Make-or-Buy-Entscheidung (s. Kapitel 7.4): Sie werden nicht alle Kosten einsparen können, die Sie in die Kosten für die Brötchen eingerechnet haben. Ein Teil der Gemeinkosten wurde pauschal als Umlage zugerechnet und muss jetzt auf die anderen Produkte verteilt werden. Sie werden den erhofften zusätzlichen Gewinn von 20.000 Euro nicht realisieren können. Wenn mehr als 20.000 Euro an Gemeinkosten übrigbleiben, verringern Sie sogar Ihren Gewinn gegenüber der vorherigen Situation. Das heißt, die **Vollkostenrechnung**, mit der Sie den Gewinn oder Verlust eines Produkts ausweisen, ist als Entscheidungsgrundlage für Ihre Produktsortiment-Planung nicht ausreichend.

Sie brauchen eine Unterteilung zwischen zwei verschiedenen Kostentypen. Auf der einen Seite sind das die Kosten, die dem Produkt direkt zurechenbar sind und daher abgebaut werden können, wenn das Produkt nicht mehr produziert wird. Auf der anderen Seite sind es die Kosten, die sich nicht dem Produkt zurechnen lassen und damit in der Regel nicht abgebaut werden können. Deshalb benötigen Sie eine mehrstufige Deckungsbeitragsrechnung, um darüber zu entscheiden, ob ein Produkt im Sortiment bleibt oder entfernt wird. Diese mehrstufige Deckungsbeitragsrechnung können Sie entsprechend dem in Kapitel 7.4 dargestellten Schema mit dem fiktiven Zahlenbeispiel aufbauen (Tabelle »Mehrstufige DBR«).

Beispiel mehrstufige Deckungsbeitragsrechnung (Produktion):

!

Für die Großbäckerei wird das Schema der mehrstufigen Deckungsbeitragsrechnung wie folgt angewendet: Die gröbste Stufe Profit Center beinhaltet eine Profit-Center-Organisation nach den Sparten Backwaren und Snacks. In der Stufe darunter befinden sich die Produktgruppen Backwaren 1, Backwaren 2 und Snacks. Jede Produktgruppe besteht wiederum aus mehreren Produkten (Brötchen, Brezeln, Snacks).

Die Absatzzahlen für die einzelnen Produkte sowie deren Verkaufspreise wurden zum besseren Verständnis ebenfalls in die Tabelle eingefügt.

Die variablen Kosten sind die Materialeinzelkosten der Produkte, die produktfixen Kosten sind die Fertigungskosten. Der Deckungsbeitrag 2 ist in der folgenden Tabelle einmal als Gesamtgröße für alle abgesetzten Einheiten angegeben und einmal als Betrag pro 1.000 Stück, damit die Produkte verglichen werden können. Die produktgruppenfixen Kosten wurden nicht weiter präzisiert. Sie könnten aber z. B. Teile der Vertriebskosten enthalten, die sich eindeutig auf eine Produktgruppe beziehen. Die Profit-Center-fixen Kosten könnten z. B. Personalkosten sein, die eindeutig einem Profit Center zugerechnet werden können.

Mehrstufige Deckungsbeitragsrechnung (Produktion)

Profit Center	Backwaren			Snacks	Gesamt
Produktgruppen	Backwaren 1		Bw. 2	Snacks	
Produkte	Brötchen	Brezeln	... ...	Snacks ...	
Absatzzahlen (in 1.000 Stück)	1.000	500		200	
Preis pro 1.000 Stück (in Euro)	260	550		1.400	
Umsatz (Tsd. Euro)	260,00	275,00		280,00	

Mehrst. DBR Prod.

Profit Center	Backwaren			Snacks	Gesamt
Produktgruppen	Backwaren 1		Bw. 2	Snacks	
Produkte	Brötchen	Brezeln	... ...	Snacks ...	
Materialeinzelkosten (Tsd. Euro)	18,30	6,50		6,00	
DB 1 (Tsd. Euro)	241,70	268,50		274,00	
Fertigungskosten (Tsd. Euro)	85,00	106,30		122,40	
DB 2 gesamt (Tsd. Euro)	156,70	162,20		151,60	
DB 2 pro 1.000 Stück (Euro)	156,70	324,40		758,00	
fixe Produktgruppenkosten					
DB 3					
fixe Profit-Center-Kosten					
DB 4					
unternehmensfixe Kosten					
Unternehmenserfolg					

Die Entscheidung darüber, ob ein Produkt weitergeführt wird oder nicht, fällt (zumindest kurzfristig) nach dem letzten Deckungsbeitrag, der dem Produkt verursachungsgerecht zuzurechnen ist. Das ist in dem Beispiel der Deckungsbeitrag 2 (nach Abzug der produktfixen Kosten). Ist dieser Deckungsbeitrag positiv, gibt es kurzfristig keinen Grund, das Produkt aus dem Sortiment zu nehmen. Jeder Euro Deckungsbeitrag hilft, einen Teil der Fixkosten zu erwirtschaften. Ohne das Produkt würde das Unternehmen (kurzfristig) schlechter dastehen.

Sind alle Deckungsbeiträge auf Stufe 2 positiv, kann es trotzdem auf der Produktgruppen-Ebene zu einem negativen Deckungsbeitrag 3 kommen, wenn die Produktgruppenkosten höher sind als die Summe der Deckungsbeiträge auf Stufe 2 dieser Produktgruppe. Möglicherweise wird man sich dann dazu entschließen, diese Produktgruppe aus dem Programm zu entfernen, obwohl die einzelnen Produkte alle einen positiven Deckungsbeitrag 2 haben. Das Gleiche gilt analog für den Übergang vom Deckungsbeitrag 3 zum Deckungsbeitrag 4.

Zusammenfassung !

Produkte mit positiven Deckungsbeiträgen werden zunächst nicht aus dem Sortiment genommen, auch wenn sie nach (pauschaler) Zurechnung **aller** fixen Kosten einen Verlust einbringen. Langfristig müssen allerdings auch die fixen Kosten ausgeglichen werden, d.h. alle Deckungsbeiträge zusammen müssen so hoch sein, dass **alle** fixen Kosten gedeckt sind. Das lässt sich mithilfe der Deckungsbeitragsrechnung nur für das Unternehmen insgesamt entscheiden.
Eine Aufteilung der fixen Kosten auf die einzelnen Produkte, d.h. eine Vollkostenrechnung, kann zu Fehlentscheidungen im Produktmix führen, weil möglicherweise Kosten zugerechnet werden, die ein Produkt nicht zu verantworten hat. Damit könnte dieses Produkt »kaputtgerechnet« werden.
Ein Produkt, das einen negativen Deckungsbeitrag hat, sollten Sie auf jeden Fall aus dem Sortiment nehmen, weil Sie Ihren Kunden praktisch noch etwas dafür zahlen, dass sie Ihr Produkt abnehmen. Das entspricht auch der Idee des Mindestverkaufspreises aus Kapitel 7.3: Wenn der Deckungsbeitrag negativ ist, ist dieser Mindestverkaufspreis unterschritten. Nur im Handel ist der Anteil der variablen Kosten am Umsatz so hoch (Einkaufspreis/Verkaufspreis), dass man hier auch schon mal Waren »unter Einstandspreis« verkauft, wenn man befürchtet, diese Waren sonst gar nicht mehr loszuwerden (»Ladenhüter«).

7.6.2 Planen Sie richtig bei Kapazitätsengpässen!

Sie werden sich entscheiden, ein Produkt aus dem Sortiment zu nehmen, wenn es einen negativen Deckungsbeitrag hat. Was ist aber, wenn alle Ihre Produkte einen positiven Deckungsbeitrag haben, Ihnen aber nur begrenzte Produktionskapazitäten zur Verfügung stehen? In dieser Situation können Sie nicht so viele Einheiten von jedem Produkt produzieren, wie Sie am Markt unterbringen können. Sie werden entscheiden wollen, welches Produkt »wertvoller« ist als ein anderes. Diese Entscheidung wird engpassorientiert getroffen, wie das folgende Beispiel verdeutlicht: Checkpoint 8

Beispiel zur engpassorientierten Produktsortiment-Planung (Produktion): !

Der Deckungsbeitrag 2 des Produkts Brötchen der Großbäckerei beträgt 156,70 Euro pro 1.000 Stück, der des Produkts Brezel 324,40 Euro pro 1.000 Stück und der des Produkts Snack 758,00 Euro pro 1.000 Stück. Da die Snacks den größten Deckungsbeitrag erwirtschaften, würden Sie sich vielleicht entscheiden, zunächst alle Fertigungskapazitäten für dieses Produkt zu verwenden, bevor

Sie auch Brötchen oder Brezeln produzieren. Wenn die Absatzmöglichkeiten für Snacks gut sind, könnte das bedeuten, dass Sie gar keine Brötchen und Brezeln mehr produzieren und Ihre gesamte Fertigungskapazität für die Snacks verwenden.

Das wäre aber nicht ratsam, wie die folgende Überlegung verdeutlicht: Tatsache ist, dass Ihnen die Snacks einen größeren **Stück-Deckungsbeitrag** liefern als die Brezeln und die Brötchen[5]. Sie können aber mit der begrenzten Fertigungskapazität viel weniger Snacks produzieren als Brötchen oder Brezeln, weil die Fertigungszeit für Snacks viel höher ist.

Die Fertigungszeit für Brötchen beträgt 100 Minuten pro 1.000 Brötchen, die für Brezeln 250 Minuten pro 1.000 Brezeln und die für Snacks 720 Minuten pro 1.000 Stück. Das heißt, in 720 Minuten Fertigungszeit können Sie 7.200 Brötchen oder 2.880 Brezeln produzieren, aber nur 1.000 Snacks. Wenn Ihnen begrenzte Fertigungszeiten zur Verfügung stehen, müssen Sie Ihre Entscheidung nach dem **Deckungsbeitrag pro Minute** treffen. Dieser liegt für die Brötchen bei 1,57 Euro pro Minute (156,70 Euro : 100 Minuten), für die Brezeln bei 1,30 Euro pro Minute (324,40 Euro : 250 Minuten) und für die Snacks bei 1,05 Euro pro Minute (758 Euro : 720 Minuten). Die Brötchen schneiden in diesem Vergleich am besten ab.

Ermittlung der engpassorientierten Deckungsbeiträge

Eng-
pass-DB

	Brötchen	Brezeln	Snacks
Fertigungszeit pro 1.000 Stück (Minuten)	100	250	720
Deckungsbeitrag pro 1.000 Stück (Euro)	156,70	324,40	758,00
Deckungsbeitrag pro Minute (Euro)	**1,57**	**1,30**	**1,05**

Angenommen, es stehen Ihnen insgesamt 12.000 Fertigungsstunden zur Verfügung, also 720.000 Fertigungsminuten. Wenn Sie **alle** Minuten für die Produktion nur eines der drei Produkte einsetzen würden, erhielten Sie die folgenden Gesamtdeckungsbeiträge:

---

5   Ich rechne hier mit dem Deckungsbeitrag 2 auf Stückebene (variable Kosten), obwohl wir die Fertigungslöhne bisher als produktfix bezeichnet haben, da ich davon ausgehe, dass eine Bäckerei die Fertigungslöhne tatsächlich in Form von Stundenlöhnen abrechnet.

Ermittlung der Gesamtdeckungsbeiträge

	Brötchen	Brezeln	Snacks	Gesamt-DB
Gesamtfertigungszeit (Minuten)	720.000	720.000	720.000	
Fertigungszeit pro 1.000 Stück (Minuten)	100	250	720	
Produzierte Stückzahl	7.200.000	2.880.000	1.000.000	
Deckungsbeitrag pro 1.000 Stück (Euro)	156,70	324,40	758,00	
Gesamtdeckungsbeitrag (Euro)	1.128.240	934.272	758.000	

Danach könnten Sie die 720.000 Fertigungsminuten am erfolgreichsten für die Brötchen einsetzen, weil sie den größten Deckungsbeitrag pro Engpasseinheit (pro Minute) und damit auch den größten Gesamtdeckungsbeitrag einbringen würden. Wenn Sie – was anzunehmen ist – keine 7,2 Mio. Brötchen absetzen können, vor allem dann nicht, wenn Sie Ihren Kunden keine weiteren Produkte anbieten, stellen Sie eine Rangfolge entsprechend der Deckungsbeiträge pro Minute auf, nach der Sie die begrenzten Fertigungsminuten auf die Produkte aufteilen: 1. Brötchen, 2. Brezeln, 3. Snacks und arbeiten die Produkte entsprechend ihrer jeweiligen maximalen Absatzmenge in dieser Reihenfolge ab. Können Sie z.B. maximal 3 Mio. Brötchen und 1,5 Mio. Brezeln absetzen, dann verbrauchen Sie dafür 675.000 Fertigungsminuten (3.000 x 100 + 1.500 x 250). Von den 720.000 Fertigungsminuten bleiben für die Snacks dann 45.000 Minuten übrig. Davon können Sie 62.500 Snacks produzieren (45.000 : 720 x 1.000). Diese Vorgehensweise wirkt ein wenig »technisch«, und natürlich wird man sich bei der Entscheidung über den Sortimentmix auch damit auseinandersetzen müssen, welchen Produktmix die Kunden wünschen und ob das mit dem Sortimentmix »nach Datenlage« zusammenpasst.

Zusammenfassung !

Wenn Sie einen Kapazitätsengpass haben, sollten Sie engpassorientiert entscheiden. Der Deckungsbeitrag pro Stück ist dann nicht mehr das richtige Entscheidungskriterium zur Auswahl zwischen den Produkten, sondern der Deckungsbeitrag pro Engpasseinheit, auch »relativer Deckungsbeitrag« genannt. Wenn Sie zwischen mehr als zwei Produkten entscheiden, bilden Sie eine Rangfolge nach der Höhe der relativen Deckungsbeiträge und »arbeiten die Produkte nach der Rangfolge ab«. Das bedeutet, das Produkt mit dem höchsten relativen Deckungsbeitrag wird in maximaler Menge produziert (maximal bedeutet, so viel, wie der Markt aufnehmen kann). Sollten dann noch Engpasseinheiten übrig sein, wird das zweitbeste Produkt in Angriff genommen usw.

Auch die Entscheidung, für welches Ihrer Produkte Sie eventuell Ihre Kapazitäten **erhöhen** sollten, treffen Sie anhand des relativen Deckungsbeitrags. Wenn Sie beispielsweise mit einer neuen Fertigungsanlage und neuem Personal 720.000 Minuten neue Fertigungskapazitäten schaffen könnten, sollten Sie diese, wie oben beschrieben, für die Produktion von Brötchen einsetzen, da sie den größten relativen Deckungsbeitrag haben. Voraussetzung ist natürlich, Sie können die Brötchen auch absetzen.

Soweit ist die Überlegung einigermaßen überschaubar. Dann heißt es allerdings, aufpassen. Die Kapazitätserweiterung hat wiederum Auswirkungen auf Ihre Kosten. Es gilt zu bedenken, ob es sich überhaupt lohnt, die Kapazitäten zu erhöhen. Die Fixkosten und die variablen Kosten, die durch die Kapazitätserweiterung **neu** hinzukommen, sind in die Überlegung einzubeziehen. Der neue Deckungsbeitrag der zusätzlich produzierten Brötchen würde, wie in dem Beispiel oben errechnet, 1.128.240 Euro betragen. Die zusätzlichen fixen Kosten pro Jahr dürfen durch die Kapazitätserweiterung (Abschreibungen der neuen Maschine, zusätzliche Personalkosten etc.) auf keinen Fall größer sein als dieser Betrag. Im Gegenteil, sie müssen sogar deutlich niedriger sein, sonst lohnt sich die Investition nicht. Da muss der Controller schon ein bisschen »zaubern«, um alle Möglichkeiten durchzurechnen, da die Kapazitätserweiterung auch durch Überstunden oder Erhöhung der Produktivität erreicht werden kann.

7.6.3 Setzen Sie Ihr Werbebudget für die richtigen Produkte ein?

Checkpoint 9

Mit Werbung versucht man, die Absatzmenge von Produkten zu beeinflussen oder einen höheren Preis am Markt durchzusetzen. Da Ihnen vermutlich nur ein begrenztes Werbebudget zur Verfügung steht, benötigen Sie Informationen, um zu entscheiden, wie Sie Ihre Werbung am wirksamsten einsetzen können.

Auf jeden Fall wollen Sie vermutlich durch den Einsatz Ihrer Werbung insgesamt einen höheren Gewinn erzielen. Sie müssten also den Deckungsbeitrag Ihres gesamten Sortiments um einen Betrag steigern, der über dem eingesetzten Werbebudget liegt. Nehmen wir an, Sie planen eine Preisoffensive: Sie bewerben massiv eines oder mehrere Ihrer Produkte und geben bekannt, dass Sie die Preise für einen gewissen Zeitraum um – sagen wir – 10 % senken werden. Um zu entscheiden, ob sich das für Sie lohnen wird, können Sie die Break-Even-Analyse aus Kapitel 7.2 einsetzen.

Die folgende Formel war zur Errechnung des Break-Even-Umsatzes gedacht.

Break-Even-Umsatz = fixe Kosten : Deckungsbeitrag in Prozent vom Umsatz

Gegenüber der Vorgehensweise in Kapitel 7.2 gibt es jetzt einen kleinen, aber entscheidenden Unterschied. Während wir bisher Preis- und Mengenveränderungen immer strikt getrennt betrachtet haben, vermischen sich die beiden Komponenten in diesem Beispiel, weil wir die Mengensteigerung durch eine Preissenkung erreichen wollen. Wir müssen also nicht nur das Werbebudget als Kostenfaktor einplanen, sondern auch die Preissenkung, die wir unseren Kunden und potenziellen Neukunden anbieten wollen.

Beispiel: Entscheidung über den Einsatz eines Werbebudgets (Produktion) !
Greifen wir dazu das Beispiel der Bäckerei noch einmal auf, für das wir bereits eine mehrstufige Deckungsbeitragsrechnung erstellt hatten.

Mehrstufige Deckungsbeitragsrechnung (Produktion)

Profit Center	Backwaren			Snacks	Gesamt
Produktgruppen	Backwaren 1		Bw. 2	Snacks	
Produkte	Bröt-chen	Brezeln	...	...	Snacks	...
Absatzzahlen (in 1.000 Stück)	1.000	500		200	
Preis pro 1.000 Stück (in Euro)	260	550		1.400	
Umsatz (Tsd. Euro)	260,00	275,00		280,00	
Materialeinzelkosten (Tsd. Euro)	18,30	6,50		6,00	
DB 1 (Tsd. Euro)	241,70	268,50		274,00	

Profit Center	Backwaren				Snacks		Gesamt
Produktgruppen	Backwaren 1		Bw. 2		Snacks		
Produkte	Bröt-chen	Brezeln	...	...	Snacks	...	
Fertigungskosten (Tsd. Euro)	85,00	106,30			122,40		
DB 2 gesamt (Tsd. Euro)	156,70	162,20			151,60		
DB 2 pro 1.000 Stück (Euro)	156,70	324,40			758,00		
fixe Produkt-gruppenkosten							
DB 3							
fixe Profit-Center-Kosten							
DB 4							
unternehmens-fixe Kosten							
Unternehmens-erfolg							

1. Fall: Erhöhung der Absatzmenge

Mit dem Verkauf von 1 Mio. Brötchen bei einem Verkaufspreis von 26 Cent pro Stück kamen wir auf einen Deckungsbeitrag 1 von 241.700 Euro und einen Deckungsbeitrag 2 von 156.700 Euro. Angenommen, wir kündigen jetzt im Rahmen der Werbemaßnahme, die uns 10.000 Euro kosten würde, an, dass wir den Verkaufspreis für die Brötchen für einen Zeitraum von drei Monaten auf 20 Cent pro Stück senken werden. Die Materialkosten für die zusätzlich zu produzierenden Brötchen verändern sich nicht pro Stück und auch die Fertigungskosten nicht, was bedeutet, dass wir im Fall der Mehrproduktion zusätzliche Aushilfskräfte beschäftigen müssen, die die gleichen Kosten pro Stunde verursachen wie die bisherigen Fertigungsmitarbeiter.

Statt eines Deckungsbeitrags 2 pro 1.000 Stück von 156,70 Euro werden wir durch den um 6 Cent pro Stück reduzierten Verkaufspreis jetzt nur noch einen Deckungsbeitrag 2 von 96,70 Euro pro 1.000 Stück erzielen (156,70 – 60,00), und zwar für alle Brötchen, auch die, die wir sonst für 26 Cent verkauft hätten. In drei Monaten haben wir bisher ca. 250.000 Brötchen verkauft. Wir verlieren also hier weitere 15.000 Euro durch die Preissenkung (250.000 Stück x 0,06 Euro pro Stück). Die Frage ist, wie viele Brötchen wir mehr verkaufen müssen, um das Werbebudget von 10.000 Euro und den Verlust aus dem reduzierten Verkaufspreis von 15.000 Euro auszugleichen.

Der Break-Even-Umsatz für die Werbemaßnahme errechnet sich nach der folgenden Formel:

BEU = fixe Kosten : Deckungsgrad

Der Deckungsgrad ist der (neue) Deckungsbeitrag dividiert durch den (neuen) Umsatz, also 96,70 : 200,00 = 48,35 %. Die relevanten fixen Kosten sind zum einen der Werbeetat von 10.000 Euro und zum anderen die verlorenen 6 Cent pro Brötchen von den sonst für 26 Cent verkauften 250.000 Brötchen, also weitere 15.000 Euro. Der Break-Even-Umsatz beträgt somit:

BEU = (10.000 + 15.000) : 48,35 % = 51.706 Euro

Dividiert durch den Verkaufspreis von 20 Cent pro Stück, kommen wir auf eine Break-Even-Menge von 255.380 Stück. Demnach müssten wir mehr als doppelt so viele Brötchen in den beworbenen drei Monaten verkaufen als vorher, um die Werbemaßnahme inklusive der Preissenkung zu rechtfertigen. Und dann haben wir noch keinen Cent mehr Gewinn erwirtschaftet als vorher. Jeder mag selbst entscheiden, ob er das für ein realistisch erreichbares Ziel hält.

2. Fall: Erhöhung des Verkaufspreises

Nun zum zweiten Fall: Sie glauben, dass Sie durch eine gezielte Image-Kampagne, die 50.000 Euro kosten würde, eine Preissteigerung bei Ihren Kunden durchsetzen können. Das geht natürlich nicht einfach so, sondern Sie müssen Ihren Kunden schon glaubhaft machen, dass sich an Ihrem Produkt qualitativ etwas geändert hat, das den höheren Preis rechtfertigt. Nehmen wir an, Sie teilen Ihren Kunden mit, dass Sie ab sofort eine neue Mehlsorte für Ihre Brötchen verwenden, die qualitativ deutlich über der bisher verwendeten Sorte steht. Das wiederum bedeutet, dass auch Ihre Kosten steigen werden.

Nehmen wir an, Sie erwarten eine Kostensteigerung für das neue Mehl in Höhe von 20 %, das heißt, die Kosten für Mehl steigen von 12,00 Euro pro 1.000 Stück auf 14,40 Euro pro 1.000 Stück. Die Frage lautet: Wie hoch muss der neue Verkaufspreis mindestens sein, damit Sie nicht nur das Werbebudget innerhalb einer festgesetzten Frist (sagen wir ein Jahr) amortisiert haben, sondern auch dauerhaft die erhöhten Kosten erwirtschaften.

Dazu brauchen wir keine Formel. Innerhalb eines Jahres müssen wir 2,20 Euro x 1.000 = 2.200 Euro (für 1 Mio. Brötchen) für das teurere Mehl und 50.000 Euro für die Werbemaßnahme wieder »reinholen«. Das sind zusammen 52.200 Euro.

Bezogen auf 1 Mio. verkaufter Brötchen sind das etwas mehr als 5 Cent pro Stück. Der Verkaufspreis für die Brötchen müsste also von 26 Cent auf 32 Cent erhöht werden. Auch hier mag jeder selbst entscheiden, ob das eine realistisch erzielbare Größe ist, oder ob man möglicherweise damit rechnen muss, durch die Maßnahme Kunden zu verlieren.

Und jetzt kommen wir zu der Mischung von Preis- und Mengenveränderung. Geben Sie eine Schätzung darüber ab, wie viel Prozent Ihrer Kunden zu dem neuen Preis keine Brötchen mehr bei Ihnen kaufen wird. Angenommen, Sie rechnen mit 10 % Mengenreduktion, dann müssen Sie zusätzlich zu den 50.000 Euro Werbekosten und den Mehrkosten von 2,20 Euro pro 1.000 Stück (jetzt allerdings nur noch für 900.000 Brötchen) auch noch den Deckungsbeitrag der 100.000 Brötchen berücksichtigen, die Sie weniger verkaufen werden, das sind mindestens 15.670 Euro (Deckungsbeitrag 2). Wahrscheinlich sind es sogar 24.170 Euro (Deckungsbeitrag 1), weil Sie die Fertigungskosten nicht entsprechend reduzieren können, »nur« weil Sie 10 % weniger produzieren.

Also: 50.000 + 2,20 x 900 + 24.170 = 76.150 Euro

Dividiert durch die verkauften 900.000 Stück sind das mehr als 8 Cent pro Stück. Die neuen Brötchen müssten also 35 Cent pro Stück kosten, damit sich die Maßnahme lohnen würde.

Eins ist hier zu beachten. Wir haben die 50.000 Euro einfach komplett im ersten Jahr »abgeschrieben«. Reicht uns ein Amortisationszeitraum von zwei oder mehr Jahren für die Maßnahme aus, gestaltet sich die Situation günstiger.

Es soll an dieser Stelle auch nicht unerwähnt bleiben, dass neben den finanziellen Erwägungen übergreifende Fragen in solche strategischen Entscheidungen einbezogen werden müssen: Spezielle Marktbedingungen, Vertragsbindungen und die Frage, ob Sie sich langfristig strategisch richtig aufstellen, sind mit zu berücksichtigen. Die ermittelten Daten sind aber wertvolle Anhaltspunkte bei der Entscheidung, wo sich der Einsatz Ihres Werbebudgets am meisten lohnt.

Die meisten von Ihnen werden ein Fitness-Studio schon einmal von innen gesehen haben und werden daher leicht in das folgende Beispiel zu den übergreifenden Fragen von strategischen Entscheidungen »einsteigen« können. Angenommen, das Studio bietet neben einem Geräteraum für Krafttraining auch verschiedene Kurse wie Wirbelsäulengymnastik, Stepp, Aerobic, BOP, Body-Workout etc. an sowie die Nutzung einer Sauna und einer Sonnenbank.

Die Einzelkosten wie Abschreibungen der Geräte, Miete für die Räume etc. lassen sich ohne große Mühe auf die »Produkte« aufteilen, die Umsätze (Beiträge der Mitglieder) mit etwas mehr Mühe auch. Dazu muss man »nur« die Mitgliedsbeiträge entsprechend der Nutzung der verschiedenen Angebote durch die Mitglieder auf die »Produkte« aufteilen. Es ist also möglich, eine Produkterfolgsrechnung zu erstellen, die Deckungsbeiträge für die verschiedenen Angebote (Geräte, Kurse etc.) liefert.

Wenn das »Produkt Kurse« dann den höchsten Deckungsbeitrag bringt, heißt das aber nicht automatisch, dass man mit der Werbung für die Kurse am meisten erreicht, da Mitglieder eines Fitness-Studios in der Regel das Komplett-Angebot erwarten, auch wenn sie regelmäßig nur einen Teil davon nutzen. Umgekehrt gesagt: Weil das »Produkt Geräte« einen negativen Deckungsbeitrag liefert, kann man nicht einfach den Geräteraum schließen bzw. anderweitig nutzen und damit den Gewinn des Studios erhöhen. Man muss damit rechnen, dass Mitglieder abwandern, die hauptsächlich den Geräteraum nutzen, und damit ginge der **gesamte** Mitgliedsbeitrag dieser Mitglieder verloren. Die Deckungsbeiträge der anderen Produkte würden sich also verschlechtern. Selbst Mitglieder, die die Geräte nur sehr selten nutzen, könnten nach einer Schließung des Geräteraums ihre Mitgliedschaft kündigen, weil sie in anderen Studios das Komplettangebot für den gleichen Preis bekommen.

Zahlenbeispiel Fitness-Studio

	Geräte	Kurse	Sauna/ Sonnenbank	Gesamt	Fitness-Studio
Nutzung	10%	85%	5%	100%	
Umsatz (nach Nutzung)	60.000	510.000	30.000	600.000	
Raumkosten (nach qm)	35.000	30.000	5.000	70.000	
Abschreibungen	20.000	0	6.000	26.000	
Vergütung Honorarkräfte	10.000	60.000	0	70.000	
Summe Einzelkosten	65.000	90.000	11.000	166.000	
Deckungsbeitrag	– 5.000	420.000	19.000	434.000	

! Zusammenfassung

Die Deckungsbeitragsrechnung kann Ihnen in vielfältigen Entscheidungssituationen eine Hilfe sein:

- wenn es darum geht, wie hoch Ihr Umsatz sein muss, damit Sie keinen Verlust machen,
- wenn Sie wissen wollen, wie viel Rabatt Sie Ihren Kunden in verschiedenen Situationen zugestehen können,
- wenn Sie eine Make-or-Buy-Entscheidung bzw. eine Outsourcing-Entscheidung treffen müssen und
- wenn Sie über die Erfolgssituation Ihrer Produkte und Dienstleistungen oder Ihrer Profit Center entscheiden wollen.

Die Deckungsbeitragsrechnung (Teilkostenrechnung) sieht im Gegensatz zur Vollkostenrechnung eine Trennung zwischen variablen und fixen Kosten (sowie zwischen Einzel- und Gemeinkosten bei der mehrstufigen Deckungsbeitragsrechnung) vor. So ist eine verursachungsgerechte Zuordnung der Kosten auf einzelne Objekte (Produkte, Profit Center etc.) gewährleistet.

Da die fixen Kosten, die nicht einem Objekt zugeordnet werden können, als nicht entscheidungsrelevant eingestuft werden, ist die Deckungsbeitragsrechnung ein Instrument für kurzfristige Entscheidungen. Für langfristige Entscheidungen müssen **alle** fixen Kosten in die Überlegungen einbezogen werden.

Checkliste Deckungsbeitragsrechnung

Checkliste: Deckungsbeitragsrechnung

1. Trennen von variablen und fixen Kosten
2. Break-Even-Analyse
3. Bestimmen der Mindestverkaufspreise
4. Outsourcing-Entscheidungen/Make-or-Buy-Entscheidungen
5. Aufbau einer einstufigen Deckungsbeitragsrechnung
6. Aufbau einer mehrstufigen Deckungsbeitragsrechnung
7. Zusammenstellen des Produktsortiments
8. Planung bei Kapazitätsengpässen
9. Zielgerichteter Einsatz von Werbebudgets

8 Planung/Budgetierung

8.1 Warum Sie Ihr Geschäft planen sollten

Stellen Sie sich vor, Sie haben drei Wochen Zeit für Ihren Sommerurlaub in Australien. Sie planen ein Auto zu mieten, um von Sydney im Südosten Australiens bis Cairns im Nordosten des Kontinents zu fahren. Am Zielort wollen Sie unbedingt einen Tag mit der »Sea-Star« zum Barrier Reef hinausfahren. Sie landen mit dem Flugzeug in Sydney und holen den bestellten Mietwagen ab. Sydney gefällt Ihnen aber so gut, dass Sie drei Tage dortbleiben und dann erst weiterfahren. Sie haben die Schwierigkeit des Linksfahrens unterschätzt und kommen viel langsamer voran als Sie gedacht haben. Außerdem haben Sie nicht bedacht, dass es – weil jetzt in Australien Winter ist – abends früh dunkel wird. In der Dunkelheit fahren Sie aber nicht gerne ...

Es ist klar, worauf das hinausläuft: Ohne eine einigermaßen detaillierte Planung Ihrer Wegstrecke und der Begleitumstände werden Sie Ihr Ziel Cairns in der vorgegebenen Zeit nicht erreichen. Als Ergebnis haben Sie weniger von Australien kennengelernt als Sie sich gewünscht hatten.

So leicht, wie Sie aber für Ihren Urlaub Entscheidungen treffen und auch wieder ändern können, ist das in der Unternehmenspraxis nicht möglich. Sie entscheiden nicht nur für sich alleine und die Konsequenzen sind gravierender. Wenn Sie ein bestimmtes Ziel verfolgen, z. B. möglichst viel Gewinn mit Ihrem Unternehmen zu erzielen, erreichen Sie dieses Ziel nur, wenn Sie die einzelnen Schritte planen.

Selbst wenn Sie Ihre Australienreise »generalstabsmäßig« geplant haben, die Hotels an jedem Ort vorgebucht, die täglichen Fahrtstrecken so bemessen haben, dass Sie sie auf jeden Fall bei Tageslicht schaffen können usw., sind Abweichungen von diesem Plan möglich.

Stellen Sie sich vor, auf der Fahrt von Sydney zu Ihrer ersten Zwischenstation rauscht Ihnen ein riesiger Lkw (ein »Road Train«) entgegen, der so weit auf Ihre Fahrbahnseite herüberfährt, dass Sie in die Randbegrenzung fahren und das Auto dabei demolieren. Sie verlieren einen ganzen Tag für die Reparatur.

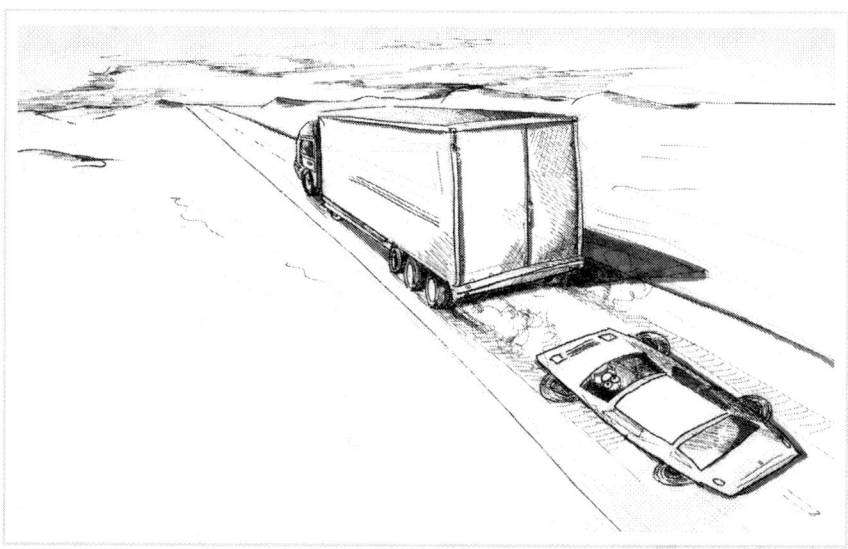

Sie sind von Ihrem Plan abgewichen! Selbst wenn Sie ab sofort Ihren ursprünglichen Plan fortsetzen, kommen Sie immer einen Tag zu spät: Ihre Hotelzimmer sind inzwischen anderweitig vergeben, Sie kommen einen Tag zu spät in Cairns an, Sie müssen die Fahrt mit der »Sea-Star« streichen, Ihr Flugzeug für den Rückflug ist weg ...

Wenn Sie einen Plan aufstellen, muss dieser regelmäßig überprüft werden, um Abweichungen so frühzeitig erkennen zu können, dass noch Korrekturen möglich sind. Sie können z. B. nach der Reparatur Ihres Mietwagens täglich längere Fahrtzeiten in Kauf nehmen, um Ihren Zeitplan wieder aufzuholen. Sie sind Ihrem Plan nicht ausgeliefert und müssen ihn nicht »blind« fortsetzen. Sie können und sollten den weiteren Verlauf ändern, wenn zwischenzeitlich Planabweichungen entstehen. Dies gilt auch für unbeabsichtigte (Unfall) oder selbst herbeigeführte Abweichungen, z. B. weil Sie unterwegs in Byron Bay noch den wunderschönen Sonnenuntergang genießen wollten.

Für Ihre Unternehmensplanung heißt das: Bevor Sie anfangen, etwas zu produzieren oder Dienstleistungen zu erbringen, sollten Sie ganz genau wissen, was Sie wollen! Was ist Ihr Ziel? Wo wollen Sie mit Ihrem Unternehmen in einem Jahr, in drei Jahren, in zehn Jahren stehen?

8.1.1 Existenzgründer

Als Existenzgründer brauchen Sie vermutlich Startkapital von einer Bank oder einem Investor. Jeder, der Geld in Ihr Unternehmen investieren soll – auch Sie selbst –, wird wissen wollen, wie Sie sich die Entwicklung Ihres Unternehmens in den ersten Jahren vorstellen und wann Sie das Geld an die Bank zurückzahlen oder die Investoren mit der ersten Gewinnausschüttung rechnen können. Daher ist die Planung des Geschäfts für den Existenzgründer oder die Existenzgründerin von existenzieller Bedeutung.

Empfehlenswert ist es, erst einmal eine Liste aller Produkte und/oder Dienstleistungen zusammenzustellen, die Sie anbieten möchten und die eine Absatzchance haben. Ermitteln Sie die Marktpreise, die Sie voraussichtlich für diese Produkte erzielen können. Schätzen Sie, welche Mengen Sie im nächsten Jahr von jedem Produkt absetzen können. Preise und Absatzmengen zu ermitteln, kann sehr aufwendig sein, aber dieser Aufwand bleibt Ihnen nicht erspart, wenn Sie böse Überraschungen vermeiden wollen.

Hilfe bei dieser Recherche können Ihnen die IHK, Branchenverbände, das Statistische Bundesamt oder die Landesämter, Banken, das Internet usw.

leisten. Forschen Sie zusätzlich selbst am Markt, und finden Sie die benötigten Informationen heraus.

8.1.2 Existierende Unternehmen

Existiert das Unternehmen bereits, ist es nicht weniger wichtig, das Geschäft für ein Jahr (und ggf. auch darüber hinaus) im Voraus zu planen. Auch existierende Unternehmen benötigen Kredite und müssen sich daher gegenüber Bankenvertretern verantworten. Außerdem gibt es auch hier vielleicht Investoren (bzw. Inhaber), die ein Recht darauf haben zu erfahren, wie die Entwicklung des Unternehmens für die Zukunft eingeschätzt werden kann. Der oder die verantwortliche(n) Unternehmensleiter erarbeiten die Zielvorgaben, aus denen das Controlling eine konkrete, zwischen den Abteilungen des Unternehmens abgestimmte Planung erstellt.

Wenn Sie für ein bereits existierendes Unternehmen planen, haben Sie schon Erfahrungswerte aus der Vergangenheit als Grundlage für die Planung, die Sie mit den Zielvorgaben der Unternehmensleitung in Einklang bringen. Informationen über zu erwartende Ereignisse, die Ihre Absatzchancen und Ihre Kostensituation verbessern oder verschlechtern könnten, ergänzen das Bild.

Ob Sie nun ein Unternehmen neu gründen oder für ein bereits existierendes Unternehmen planen, fangen Sie damit auf der Marktseite an! Heute sind fast alle Märkte Käufermärkte, d.h. die Kaufinteressenten bestimmen, welche Produkte absetzbar sind und zu welchem Preis.

8.2 So planen Sie Ihren Absatz und Umsatz

Planen heißt auch, sich Ziele zu setzen. Lösen Sie sich von den Bedingungen der Vergangenheit. Hören Sie nicht ausschließlich auf Ihr Vertriebsohr (oder Ihre Vertriebsabteilung), das Ihnen sagt, wie schwer es geworden ist, zu verkaufen. Versuchen Sie, eine ehrgeizige Planung Ihrer Absatzzahlen aufzustellen. Beteiligen Sie hierbei aber die Person(en), die für den Vertrieb zuständig sind, um realistisch zu bleiben. Mit unrealistischen Zielen demotivieren Sie sich und Ihre Mitarbeiter. Lassen Sie die geplanten Absatzzahlen von dem (den) Vertriebsverantwortlichen »absegnen«, denn die müssen sie letztlich erreichen.

Checkpoint 1

Das folgende Beispiel erstreckt sich über mehrere Seiten und führt Sie Schritt für Schritt durch die Jahresplanung eines Dienstleistungsunternehmens. Es beginnt mit der Absatz- und Umsatzplanung und zeigt anschließend auf, wie die Kostenplanung durchgeführt wird. Es wurde bewusst ein Dienstleistungsunternehmen als Beispiel gewählt, da es dort einige Besonderheiten zu bedenken gibt. Als Produktions- oder Handelsunternehmen und auch als Einzelauftragsfertiger können Sie das Beispiel aber genauso Schritt für Schritt auf Ihre individuelle Situation übertragen.

Beispiel zur Jahresabsatz- und -umsatzplanung (Dienstleistung): !

Es soll eine Jahresplanung für das bereits an verschiedenen Stellen verwendete Dienstleistungsunternehmen im Medienbereich erstellt werden. Das Unternehmen produziert für andere Unternehmen Hörbeiträge, die gesprochene und mit Musik unterlegte Werbung für verschiedene Verwendungszwecke enthalten. Diese Werbung wird entweder

- für Firmen verschiedener Branchen über das Radio gesendet oder
- für Reiseveranstalter ins Internet gestellt, um deren Urlaubsangebote besser »rüberzubringen«, oder
- in Supermärkten abgespielt. Den Mitarbeitern und den Kunden der Supermärkte werden damit Mitteilungen über aktuelle Sonderangebote gemacht, Preisausschreiben angekündigt usw.

Die Mediaagentur hat also drei verschiedene Produkte, die sie Supermarktketten, Reiseveranstaltern und anderen Firmen aller Branchen anbietet.

1. Schritt: Absatzplanung

In Zusammenarbeit mit dem Vertrieb wurde der folgende Absatzplan für das nächste Jahr aufgestellt.

Jahresabsatzplanung Mediaagentur

	Radio	Internet	Supermarkt
Absatz (Anzahl Hörbeiträge)	330	50	1.600

2. Schritt: Umsatzplanung

Als Nächstes müssen die Absatzmengen mit den Verkaufspreisen bewertet werden. Die Marktforschung hat ergeben, dass für den Radio- und den Supermarktbeitrag je ein Verkaufspreis von 5.000 Euro pro Beitrag erzielt werden kann und für den Beitrag im Internet ein Preis von 7.000 Euro. Daraus ergibt sich die folgende Umsatzplanung für das nächste Jahr:

Jahresumsatzplanung Mediaagentur

Umsatz-
planung

	Radio	Internet	Supermarkt	Gesamt
Absatz (Anzahl Hörbeiträge)	330	50	1.600	--
Verkaufspreis pro Beitrag (Euro)	5.000	7.000	5.000	--
Umsatz (Euro)	1.650.000	350.000	8.000.000	**10.000.000**

8.3   Die Kostenplanung

Auf der Grundlage der Umsatzplanung werden die Kosten für das nächste Geschäftsjahr geplant. Dazu muss festgelegt werden, für welche Arbeiten eigene Mitarbeiter und wofür Zeitarbeitskräfte oder Fremdfirmen eingesetzt werden sollen. Um diese Entscheidung (Outsourcing/Make-or-Buy) zu unterstützen, sollte die Deckungsbeitragsrechnung eingesetzt werden, die ausführlich in Kapitel 7 erläutert wurde.

Check-
point 2

Beispiel zur Jahreskostenplanung (Dienstleistung):   **!**

Bei der Kostenplanung wird, wie bei der Umsatzplanung, zunächst nach Produkten vorgegangen. Die Kostenplanung wird in fünf Schritten durchgeführt, die Sie einen nach dem anderen auf Ihre individuelle Situation übertragen können.

1. Schritt: Welche Kosten fallen an?
Die Kosten der Mediaagentur setzen sich zusammen aus:

- Sprecherhonoraren für die Berufssprecher, die die Hörbeiträge aufsprechen,
- Kosten für Fremdfirmen, die die Hörbeiträge produzieren,
- Kosten für Zeitarbeitskräfte, die bei Kapazitätsengpässen eingesetzt werden,
- Kosten für fest angestellte Mitarbeiter (Verwaltungsangestellte und eigene Dienstleister) und
- sonstigen betrieblichen Kosten.

Sprecherhonorare, Fremdleistungen und Zeitarbeitskräfte
Die Sprecherhonorare sind den Produkten direkt zurechenbar, da die Honorare nur gezahlt werden, wenn sie auch tatsächlich in Anspruch genommen werden. Das Gleiche gilt für Fremdleistungen und Zeitarbeitskräfte: Es werden nur dann Fremdfirmen und Zeitarbeitskräfte eingesetzt, wenn auch tatsächlich produziert wird. Das hört sich simpel an, aber Sie werden sehen, dass das ein wichtiges Unterscheidungsmerkmal zwischen den Kostenarten ist, wenn Sie die Plan-Deckungsbeitragsrechnung aufbauen.

Personalkosten der eigenen Dienstleister
Die eigenen Dienstleister gehören zur Betriebsbereitschaft, da eigene Mitarbeiter nicht auf Tagesbasis beschäftigt werden können. Dennoch lassen sich diese Kosten, wie schon in Kapitel 3.3 gezeigt, über den Umweg von Stundenplanungen den Produkten direkt zurechnen.

Sonstige fixe Kosten

Alle übrigen Kosten (Personalkosten Verwaltungsangestellte und sonstige betriebliche Kosten) sind Kosten der Betriebsbereitschaft und lassen sich nicht verursachungsgerecht auf die Produkte aufteilen. Sie werden deshalb nur für das Gesamtunternehmen in einem Betrag pro Kostenart geplant.

2. Schritt: Planung der direkt zurechenbaren Kosten

Zunächst werden die direkt zurechenbaren Kosten geplant, d.h. die Kosten für Sprecherhonorare, Fremdleistungen und Zeitarbeitskräfte. Erfahrungswerte aus der Vergangenheit haben ergeben, dass pro Hörbeitrag durchschnittlich 9,9% des Umsatzes für Sprecherhonorare ausgegeben werden müssen, 19,8% für Fremdleistungen und 20% für Zeitarbeitskräfte.

Die Zeitarbeitskräfte werden zwar nicht gleichmäßig für jeden Hörbeitrag eingesetzt, sondern nur bei Kapazitätsengpässen. Sie müssen aber dennoch über einen Durchschnittswert geplant werden, da die exakten Werte pro Hörbeitrag nicht im Vorhinein planbar sind.

Es ergibt sich die folgende Kostenplanung für die direkt zurechenbaren Kosten:

Jahreskostenplanung Mediaagentur 2. Schritt

Kosten-
planung

	Radio	Internet	Supermarkt	Gesamt
	Euro	Euro	Euro	Euro
Umsatz	1.650.000	350.000	8.000.000	**10.000.000**
Sprecherhonorare (9,9% vom Umsatz)	163.350	34.650	792.000	**990.000**
Fremdleistungen (19,8% vom Umsatz)	326.700	69.300	1.584.000	**1.980.000**
Zeitarbeitskräfte (20% vom Umsatz)	330.000	70.000	1.600.000	**2.000.000**

3. Schritt: Planung der Personalkosten der eigenen Dienstleister

Die übrigen Kosten sind fix. Von den Personalkosten nehmen die Personalkosten der eigenen Dienstleister eine Sonderstellung ein, da sie über geplante Stunden den Produkten zugeordnet werden können. Dadurch werden diese Gemeinkosten zu Einzelkosten gemacht. Zunächst wird aufgrund der Absatzplanung die benötigte Personalkapazität geschätzt. Die Gehälter und die zugehörigen Nebenkosten dieses Personals ergeben summiert die Personalkosten für eigene Dienstleister, in diesem Beispiel einen Betrag von 2.673.000 Euro.

Pro Radiobeitrag wurden aufgrund von Erfahrungswerten durchschnittlich 40 Stunden Zeiteinsatz dieser Mitarbeiter geplant, pro Internetbeitrag 60 Stunden und pro Supermarktbeitrag 27 Stunden. Das ergibt bei Personalkosten von 2.673.000 Euro und 59.400 Gesamtstunden einen durchschnittlichen Stundensatz von 45 Euro/Std. über alle Hörbeiträge. Natürlich können stattdessen auch unterschiedliche Stundensätze für verschiedene Mitarbeitergruppen verwendet werden.

Gesamtstunden und durchschnittlicher Stundensatz

330 Radiobeiträge x 40 Std./Beitrag =	13.200 Std.
50 Internetbeiträge x 60 Std./Beitrag =	3.000 Std.
1.600 Supermarktbeiträge x 27 Std./Beitrag =	43.200 Std.
Gesamt	59.400 Std.
Personalkosten eigene Dienstleister	2.673.000 Euro
Durchschn. Stundensatz (2.673.000 : 59.400 =)	45 Euro/Std

Mit diesem Stundensatz lassen sich die Personalkosten der eigenen Dienstleister auf die verschiedenen Hörbeiträge, wie in der folgenden Tabelle gezeigt, verteilen. (Beispielrechnung Radio: 13.200 Std. x 45 Euro/Std. = 594.000 Euro).

Jahreskostenplanung Mediaagentur 3. Schritt

	Radio	Internet	Supermarkt	Gesamt
Absatz (Anz. Hörbeiträge)	330	50	1.600	1.980
Stunden pro Beitrag	40	60	27	
Gesamtstunden pro Beitragsart	13.200	3.000	43.200	59.400
durchschn. Stundensatz (Euro/Std.)	45	45	45	
Personalkosten eigener DL (Euro)	594.000	135.000	1.944.000	2.673.000

Kostenplanung

4. Schritt: Planung der sonstigen fixen Kosten
Die sonstigen fixen Kosten (Personalkosten für Verwaltungsangestellte und sonstige betriebliche Kosten) werden auf der Basis der gewünschten bzw. notwendigen Grundkapazität geplant.

5. Schritt: Zusammenführung zu einer zweistufigen Deckungsbeitragsrechnung
Die Umsätze wurden den Produkten zugeordnet, die Kosten für Sprecherhonorare, Fremdleistungen und Zeitarbeitskräfte ebenso. Bei diesen Kosten handelt es sich um variable Kosten, die von der Umsatzhöhe abhängig sind (je mehr Beiträge Sie absetzen, desto höher sind Ihre Kosten).
Die Personalkosten der eigenen Dienstleister wurden zwar auch den Produkten zugeordnet (über Stundenplanungen). Sie sind aber fix, d.h. sie verändern sich nicht mit dem Umsatz, da nicht kurzfristig neue Leute eingestellt werden, wenn der Umsatz steigt, oder Leute entlassen werden können, wenn er fällt. Stattdessen werden zur Überbrückung von Kapazitätsengpässen Zeitarbeitskräfte eingesetzt. Die übrigen fixen Kosten (Personalkosten Verwaltungsangestellte und sonstige betriebliche Kosten) lassen sich nicht verursachungsgerecht auf die Produkte aufteilen, sondern nur noch in jeweils einer Position für das Gesamtunternehmen planen. Es ergibt sich die folgende zweistufige Plan-Deckungsbeitragsrechnung (vgl. auch Kapitel 7.5).

Plan-Deckungsbeitragsrechnung Mediaagentur

Plan-DBR

	Radio Euro	Internet Euro	Supermarkt Euro	Gesamt Euro
Absatz (Anzahl Hörbeiträge)	330	50	1.600	1.980
Verkaufspreis pro Hörbeitrag	5.000	7.000	5.000	
Umsatz	1.650.000	350.000	8.000.000	10.000.000
Sprecherhonorare	163.350	34.650	792.000	990.000
Fremdleistungen	326.700	69.300	1.584.000	1.980.000
Zeitarbeitskräfte	330.000	70.000	1.600.000	2.000.000
variable Kosten	820.050	173.950	3.976.000	4.970.000
Deckungsbeitrag 1	829.950	176.050	4.024.000	5.030.000
Personalkosten eigener DL	594.000	135.000	1.944.000	2.673.000
fixe Einzelkosten	594.000	135.000	1.944.000	2.673.000

	Radio Euro	Internet Euro	Supermarkt Euro	Gesamt Euro
Deckungsbeitrag 2	235.950	41.050	2.080.000	2.357.000
Personalkosten Verwaltung				450.000
Mietkosten				50.000
Kfz-Kosten				30.000
Reisekosten				50.000
Werbekosten				500.000
Abschreibungen				28.000
Reparatur-/Instand- haltungskosten				2.000
sonstige betriebliche Kosten				50.000
Zinskosten				10.000
Steuern				80.000
fixe Unternehmenskosten				1.250.000
Gesamtunternehmens- erfolg				1.107.000

Wenn Sie Ihren Umsatz und Ihre Kosten nicht Produkt für Produkt bzw. Dienstleistung für Dienstleistung planen wollen, schätzen Sie bitte zumindest den **Gesamt**jahresumsatz »über den Daumen«. Planen Sie anschließend alle variablen Kosten in Prozent vom Umsatz nach Ihren Erfahrungswerten (wie im Beispiel) und die fixen Kosten entsprechend den vorhandenen Kapazitäten. Sie haben dann immerhin eine Grundlage für Ihre Unternehmenssteuerung, auf der Sie aufbauen können.

Die Jahresplanung muss anschließend auf kleinere Zeiteinheiten gebracht werden, mindestens auf Quartalsebene, bei Bedarf auf Monatsebene. Nur so haben Sie die Möglichkeit, rechtzeitig »das Ruder herumzureißen«, weil Sie Abweichungen frühzeitig erkennen. Wie das geht, zeigt Ihnen das nächste Kapitel.

8.4 So verteilen Sie Ihre Jahresplanung auf Monate oder Quartale

Check-
point 3

Die Planung auf Monats- oder Quartalsebene lässt sich leicht aus der Jahresplanung entwickeln. Dazu wird zunächst der Gesamtjahresumsatz auf Monate oder Quartale verteilt, wie er sich erfahrungsgemäß saisonabhängig verhält. Sie brauchen hier nicht mehr exakt zu planen, welche Mengen Ihrer Produkte oder Dienstleistungen in jedem Monat oder Quartal abgesetzt werden. Es genügt, wenn Sie die Verteilung »über den Daumen« abschätzen.

Anschließend ordnen Sie die umsatzabhängigen **variablen Kosten**, wie Materialkosten, Kosten für Zeitarbeitskräfte und Fremdleistungen etc., prozentual zu. Je höher der Umsatz in einem Monat oder Quartal ist, desto höher sind auch die variablen Kosten. Übertragen Sie hier einfach den durchschnittlichen prozentualen Anteil der variablen Kosten am Gesamtumsatz auf die Monate oder Quartale (im Beispiel 49,7 % = 4.970.000 : 10.000.000)[6]. Die **fixen Kosten**, wie (die meisten) Personalkosten, Abschreibungen, Miete etc., werden zu gleichen Teilen auf die vier Quartale oder zwölf Monate aufgeteilt. Das gilt auch für Kosten, die unregelmäßig im Jahr anfallen, wie z.B. Urlaubsgeld oder Weihnachtsgeld. Jedes Quartal muss den gleichen Anteil an diesen Kosten tragen. Im Folgenden wird meist nur noch von der Quartalsplanung gesprochen. Die Aussagen lassen sich aber analog auf eine Monatsplanung übertragen.

Die Personalkosten sind zwar fixe Kosten, sie lassen sich aber über die Stundenzuordnungen variabilisieren. Auch wenn pro Quartal tatsächlich ungefähr der gleiche Betrag an Personalkosten anfällt, macht es Sinn, die Personalkosten nach Inanspruchnahme des Personals zuzuordnen, um die Erfolge der Quartale richtig beurteilen zu können. Um die Quartalsplanung weiterhin ein-

---

6   Wir haben in diesem Beispiel vorausgesetzt, dass alle drei Dienstleistungen den gleichen variablen Kostenanteil haben (insgesamt 49,7 %). Ist das nicht der Fall und weicht dann die Verteilung zwischen den verschiedenen Dienstleistungen in einzelnen Quartalen deutlich von der geplanten Durchschnittsverteilung ab, muss man damit rechnen, dass auch der tatsächliche variable Kostenanteil vom Durchschnittswert (49,7 %) abweicht. Beim Soll-Ist-Vergleich (s. Kapitel 8.5.2) muss darauf Rücksicht genommen werden.

fach zu gestalten, können Sie auch die Personalkosten »über den Daumen« abschätzen. Dazu muss der durchschnittliche Anteil der Personalkosten am Umsatz im ganzen Jahr festgestellt und auf die Quartale übertragen werden. Je höher der Quartalsumsatz, desto höher die Personalkosten und umgekehrt.

Beispiel zur Quartalsplanung der Mediaagentur: **!**

Das Beispiel greift auf die Jahresplanung der Mediaagentur aus Kapitel 8.3 zurück (s. Tabelle »Plan-DBR«). Sie finden die Daten aus dieser Jahresplanung hier als Gesamtwerte in der letzten Spalte wieder. Die Jahresplanung wird in den folgenden drei Schritten auf eine Quartalsplanung gebracht:
1. Umsatzverteilung nach saisonalen Unterschieden,
2. Zuordnung der variablen Kosten nach Umsatz,
3. Verteilung der Personalkosten nach Umsatz
4. gleichmäßige Verteilung der übrigen fixen Kosten.

zu 1.: Umsatzverteilung nach saisonalen Unterschieden
Angenommen, das erste Quartal der Mediaagentur ist erfahrungsgemäß besonders umsatzstark mit 4 Mio. Euro Umsatz und das vierte Quartal besonders umsatzschwach mit nur 1 Mio. Euro Umsatz. Das zweite und dritte Quartal verlaufen durchschnittlich mit jeweils 2,5 Mio. Euro Umsatz. Es wird nur die ungefähre Größenordnung der Umsatzzahlen aufgrund von Erfahrungswerten geplant, ohne genau festzulegen, welche Hörbeiträge in welchem Quartal zu welchem Umsatz verkauft werden.

zu 2.: Zuordnung der variablen Kosten nach Umsatz
Die variablen Kosten (Sprecherhonorare, Fremdleistungen und Zeitarbeitskräfte) hängen von der Höhe des Umsatzes ab. Aufgrund von Erfahrungen aus der Vergangenheit ist bekannt, dass die Sprecherhonorare ungefähr 9,9% des Umsatzes kosten, Fremdleistungen ca. 19,8% und Zeitarbeitskräfte ca. 20%.
Bei 4.000.000 Euro Umsatz im ersten Quartal entstehen 396.000 Euro (9,9% von 4.000.000) Kosten für Sprecherhonorare, 792.000 Euro (19,8% von 4.000.000) Kosten für Fremdleistungen und 800.000 Euro (20% von 4.000.000) Kosten für Zeitarbeitskräfte.
Wenn Sie genau wissen, dass Sie nur in dem umsatzstarken ersten Quartal Zeitarbeitskräfte benötigen, können Sie natürlich auch genauer planen, indem Sie die Kosten für Zeitarbeitskräfte im zweiten bis vierten Quartal auf 0 setzen und im ersten Quartal den Prozentsatz entsprechend erhöhen (50%).

zu 3.: Verteilung der Personalkosten nach Umsatz

Bei einem Gesamtumsatz von 10 Mio. Euro wurden für das gesamte Jahr 2.673 Tsd. Euro an Personalkosten eingeplant. Das sind 26,73 % vom Umsatz. Übertragen auf die Quartalsumsätze von 4 Mio. Euro, 2,5 Mio. Euro, 2,5 Mio. Euro und 1 Mio. Euro ergeben sich geplante Personalkosten von 1.069.200 Euro für das erste Quartal, 668.250 Euro für das zweite und dritte Quartal und 267.300 Euro für das vierte Quartal.

zu 4.: Gleichmäßige Verteilung der übrigen fixen Kosten

Betrachten Sie die nachfolgende Tabelle: Die fixen Kosten wurden zu gleichen Teilen auf die Quartale aufgeteilt. So ergeben z. B. 50.000 Euro Mietkosten pro Jahr 12.500 Euro pro Quartal (50.000 : 4). Entsprechend wird auch bei allen anderen fixen Kosten verfahren.

Quartalsplan-Deckungsbeitragsrechnung Mediaagentur

Quartals-
planung

Werte in 1.000 Euro	1. Quartal	2. Quartal	3. Quartal	4. Quartal	Gesamt
Umsatz	4.000	2.500	2.500	1.000	10.000
Sprecherhonorare (9,9 %)	396	247,5	247,5	99	990
Fremdleistungen (19,8 %)	792	495	495	198	1.980
Zeitarbeitskräfte (20,0 %)	800	500	500	200	2.000
variable Kosten	1.988	1.242,5	1.242,5	497	4.970
Deckungsbeitrag 1	2.012	1.257,5	1.257,5	503	5.030
Personalkosten eigener DL (26,73 %)	1.069,2	668,25	668,25	267,3	2.673
Deckungsbeitrag 2	942,8	589,25	589,25	235,7	2.357
Personalkosten Verwaltung	112,5	112,5	112,5	112,5	450
Mietkosten	12,5	12,5	12,5	12,5	50
Kfz-Kosten	7,5	7,5	7,5	7,5	30

Werte in 1.000 Euro	1. Quartal	2. Quartal	3. Quartal	4. Quartal	Gesamt
Reisekosten	12,5	12,5	12,5	12,5	50
Werbekosten	125	125	125	125	500
Abschreibungen	7	7	7	7	28
Reparatur-/Instand-haltungskosten	0,5	0,5	0,5	0,5	2
sonstige betriebliche Kosten	12,5	12,5	12,5	12,5	50
Zinskosten	2,5	2,5	2,5	2,5	10
Steuern	20	20	20	20	80
fixe Kosten	312,5	312,5	312,5	312,5	1.250
Gesamtunternehmens-erfolg	630,30	276,75	276,75	–76,80	1.107

Sie sehen, dass der Umsatz des vierten Quartals nicht ausreichen wird, um ein positives Ergebnis zu erwirtschaften, und das erste Quartal mehr als den zweifachen Erfolg eines Durchschnittsquartals erwirtschaften wird. Ihr Break-Even-Umsatz für ein Quartal liegt bei der vorhandenen Fixkostensituation offenbar zwischen 1 Mio. Euro im vierten Quartal und 2,5 Mio. Euro im zweiten und dritten Quartal.

8.5 Planabweichungen feststellen und das Ergebnis interpretieren

8.5.1 Der Plan-Ist-Vergleich

Die Planung war eine mühevolle Arbeit, bildet aber auch eine wertvolle Basis für die weiteren Aufgaben des Controllers. Es bleibt nur wenig Zeit zum Verschnaufen.

Check-
point 4

Wenn die Geschäfte des ersten Quartals abgeschlossen sind, erstellen Sie umgehend die Abweichungsanalyse. Sie wollen ja möglichst frühzeitig wissen, wie das Quartal gelaufen ist, um noch rechtzeitig Maßnahmen für das nächste Quartal veranlassen zu können, falls das nötig sein sollte. Der Planung werden nun die Istwerte auf Quartalsebene gegenübergestellt. Wie Sie die Istwerte aus den Daten der Finanzbuchhaltung entwickeln, wird im Folgenden näher erläutert. Die Vorgehensweise lässt sich wieder in vier Teilschritte untergliedern:

1. Umsatz pro Quartal erfassen,
2. variable Kosten erfassen,
3. Personalkosten erfassen,
4. fixe Kosten erfassen.

1. Umsatz pro Quartal erfassen

Die Zuordnung der erwirtschafteten Umsätze zu den Quartalen sollte (insbesondere bei Dienstleistern und Auftragsfertigern) nicht nach Rechnungsdatum erfolgen, wie es manchmal fälschlicherweise in der Finanzbuchhaltung geschieht. Es ist notwendig, den gesamten Umsatz eines Auftrags in dem Quartal zu erfassen, in dem der Auftrag fertiggestellt wurde (bzw. für das der Auftrag geplant wurde). Nur so können den Umsätzen anschließend die richtigen Kosten zugeordnet werden. Das sind die Kosten, die durch diese Umsätze entstanden sind. Andernfalls wäre die Quartalsrechnung ohne Nutzen, weil aus den ermittelten Quartalserfolgen keinerlei Rückschlüsse auf die Wirtschaftlichkeit Ihres Unternehmens in diesen Quartalen möglich wären (vgl. die Bemerkungen zu den Bestandsveränderungen in Kapitel 2.3).

Die richtige Zuordnung zu Quartalen lässt sich im Betrieb einfach organisieren, wenn jede Ausgangsrechnung mit einer Auftragsnummer versehen ist und jeder Auftrag eindeutig einem Quartal zugeordnet ist.

2. Variable Kosten erfassen

Die variablen Kosten entstehen überwiegend durch Lieferungen und Leistungen von Lieferanten, für die das Unternehmen Rechnungen erhält. Diese werden in der Finanzbuchhaltung nach Rechnungsdatum gebucht, müssen aber – genau wie die Ausgangsrechnungen (Umsätze) – auch den »richtigen« Quartalen zugeordnet werden. Das richtige Quartal ist immer das, in das der Auftrag einsortiert wurde, durch den die Kosten entstanden sind. Häufig entspricht das Rechnungsdatum nicht dem richtigen Datum, weil Teilleistungen für einen Auftrag bereits vor Abschluss des Auftrags erbracht werden. Werden diese Teilleistungen auch abgerechnet, kann man den Auftrag natürlich auch aufteilen.

Die richtige Zuordnung lässt sich auch hier einfach bewerkstelligen, indem jede Eingangsrechnung eine Kennnummer für den jeweiligen Auftrag erhält, zu dem sie gehört. Es kann sein, dass auf einer Eingangsrechnung Leistungen zu mehreren Aufträgen abgerechnet werden. Dann müssen diese Eingangsrechnungen auf mehrere Aufträge aufgeteilt werden.

3. Personalkosten erfassen

Die Personalkosten müssen über Stundenaufschreibungen den Aufträgen und damit den Quartalen zugeordnet werden. Dazu verwenden Sie wieder den Stundenkostensatz, den Sie ursprünglich durch die Verteilung der gesamten Personalkosten auf die gesamte Stundenzahl ermittelt haben (45 Euro/Std.)[7].

4. Fixe Kosten erfassen

Die fixen Kosten lesen Sie aus den tatsächlichen Buchungen ab. Nur bei den Kosten, die einmalig im Jahr auftreten und die Sie in der Planung auf die Quartale aufgeteilt haben, gehen Sie genauso vor, wie Sie sie geplant haben. Andernfalls haben Sie z.B. im Juli, in dem das Urlaubsgeld gezahlt wird, **scheinbar** höhere Kosten als geplant. Die Istkosten inkl. **Urlaubsgeld** wür-

---

7 Wenn die tatsächliche Auslastung im Quartal nicht der geplanten entspricht, liegt der tatsächliche Kostensatz über oder unter diesem Plansatz (bei höherer Auslastung darunter, bei niedrigerer Auslastung darüber). Sie sollten diesen trotzdem nicht anpassen, wenn Sie davon ausgehen, dass er im Durchschnitt des Jahres richtig ist. Andernfalls erhalten Sie im Plan-Ist-Vergleich gemischte Mengen- und Preis-/Kostenabweichungen, die Sie nicht auseinanderhalten können.

den nämlich den Plankosten mit einem **durchschnittlichen Anteil am Ur-laubsgeld** gegenübergestellt. Sie setzen daher als Istzahl auch einen Durchschnittswert ein, der sich aus dem Quartalsanteil der Gesamtjahreskosten nach aktueller Kenntnis ergibt. Die richtigen Abweichungen erkennen Sie trotzdem auch weiterhin. Wenn in der Zwischenzeit z. B. eine ungeplante Gehaltssteigerung stattgefunden hat, wird sich diese auch anteilsmäßig auf die Istzahlen auswirken und Sie erkennen darin eine Abweichung zu Ihren Planzahlen.

!

Beispiel zum Plan-Ist-Vergleich Quartalsplanung Mediaagentur:
Für die Quartalsplanung und den Plan-Ist-Vergleich wurde das erste Planquartal beispielhaft für alle Quartale herausgegriffen. Die Istzahlen wurden fiktiv ergänzt. Die tatsächlichen Personalkosten der eigenen Dienstleister wurden ermittelt aus 30.000 Stunden, die für Aufträge aus diesem Quartal geleistet wurden, multipliziert mit dem Stundenkostensatz von 45 Euro/Stunde.

Plan-Ist-Vergleich Quartalsplanung Mediaagentur

Plan-Ist
Quartal

Werte in 1.000 Euro	Plan 1. Quartal	Ist 1. Quartal	Abweichung	Abw. in %
Umsatz	4.000	4.400	400	10,0
Sprecherhonorare	396	420	24	6,1
Fremdleistungen	792	870	78	9,8
Zeitarbeitskräfte	800	900	100	12,5
variable Kosten	1.988	2.190	202	10,2
Deckungsbeitrag 1	2.012	2.210	198	9,8
Personalkosten eigener DL	1.069,2	1.350	280,8	22,6
Deckungsbeitrag 2	942,8	860	– 82,8	– 8,8
Personalkosten Verwaltung	112,5	125	12,5	11,1

Werte in 1.000 Euro	Plan 1. Quartal	Ist 1. Quartal	Abweichung	Abw. in %
Mietkosten	12,5	12,5	0,0	0,0
Kfz-Kosten	7,5	7,5	0,0	0,0
Reisekosten	12,5	12,5	0,0	0,0
Werbekosten	125	150	25,0	20,0
Abschreibungen	7	7	0,0	0,0
Reparatur-/Instandhal-tungskosten	0,5	0,5	0,0	0,0
sonstige betriebliche Kosten	12,5	12,5	0,0	0,0
Zinskosten	2,5	2,5	0,0	0,0
Steuern	20	20	0,0	0,0
fixe Kosten	**312,5**	**350**	**37,5**	**12,0**
Gesamtunternehmens-erfolg	**630,3**	**510**	**–120,3**	**–19,1**

Sie sehen, dass alle Ihre variablen Kosten, die Kosten eigener Dienstleister sowie die Personalkosten Verwaltung und die Werbekosten höher sind als geplant. Daraus dürfen Sie aber nicht ohne Weiteres schließen, dass Sie schlecht gewirtschaftet haben. Bei steigenden Umsätzen **müssen** Sie damit rechnen, dass die Kosten steigen, weil die variablen Kosten und die variabilisierten Personalkosten vom Umsatz abhängen. Im ersten Quartal ist der Umsatz gegenüber dem Planwert um 10 % gestiegen.

Ein reiner Plan-Ist-Vergleich kann zu Fehlinterpretationen führen, weil man bei steigendem Umsatz steigende Kosten feststellt und nicht erkennen kann, ob diese nur erwartungsgemäß entsprechend der Umsatzsteigerung gestiegen sind oder darüber hinaus. Sie brauchen eine zusätzliche Information darüber, wie weit die Kosten bei steigendem Umsatz steigen durften und ob Ihre Kosten diese Grenze eingehalten haben.

Dazu müssen Sie den sogenannten »Soll-Ist-Vergleich« durchführen, den Sie in Kapitel 8.5.2 finden. Diese Art der Abweichungsanalyse ist immer dann angeraten, wenn sich – wie hier – die Planungsgrundlagen (insbesondere der Umsatz) verändert haben.

8.5.2 Der Soll-Ist-Vergleich

Check-
point 5

Damit Sie auf einen Blick sehen können, wie weit Ihre Kosten hätten steigen dürfen, wenn der Umsatz gegenüber dem geplanten Wert gestiegen ist, stellen Sie parallel zum Plan-Ist-Vergleich den Soll-Ist-Vergleich auf. Dazu rechnen Sie die Planwerte auf die veränderte Planungsgrundlage, d.h. den veränderten Umsatz, um.

Die Errechnung der Sollwerte wird wieder in vier Schritten durchgeführt (1. Umsatz, 2. variable Kosten, 3. Personalkosten, 4. fixe Kosten):

1. Der Sollwert für den Umsatz wird mit dem tatsächlichen Wert (Istumsatz) gleichgesetzt. Auf dieser veränderten Planungsgrundlage muss neu gerechnet werden.
2. Die geplanten variablen Kosten werden proportional zum Umsatz umgerechnet: Wenn der Umsatz um 10% gestiegen ist, liegen auch die variablen Sollkosten 10% über den variablen Plankosten.
3. Die geplanten Personalkosten werden wie die variablen Kosten ebenfalls um 10% erhöht.
4. Die fixen Kosten werden gegenüber den Planwerten nicht verändert, weil sich fixe Kosten durch Umsatzänderungen nicht verändern dürfen.

!

Beispiel zum Soll-Ist-Vergleich Quartalsplanung Mediaagentur:

Für das Beispiel werden die Plandaten und Istdaten aus dem Plan-Ist-Vergleich übernommen. Die Sollwerte werden in vier Schritten ermittelt. Die Soll-Ist-Abweichungen werden errechnet, indem die Sollwerte von den Istwerten abgezogen werden (Ist – Soll = Soll-Ist-Abweichung).

1. Der Sollumsatz entspricht dem Istumsatz. Er ist gegenüber dem Planwert um 10% gestiegen.
2. Die variablen Sollkosten liegen um 10% über den variablen Plankosten. Damit beträgt der Sollwert für die Sprecherhonorare bei 396.000 Euro geplanten Kosten 435.600 Euro (396.000 x 1,1). Die Fremdleistungen steigen von 792.000

auf 871.200 Euro (792.000 x 1,1) und die Kosten für Zeitarbeitskräfte von 800.000 Euro auf 880.000 Euro (800.000 x 1,1).

3. Die Personal-Sollkosten liegen um 10% über den geplanten Personalkosten. Für das erste Quartal waren 1.069.200 Euro an Personalkosten geplant. Die Sollkosten betragen demnach 1.176.120 Euro (1.069.200 x 1,1 = 1.176.120).

4. Die fixen Sollkosten entsprechen den fixen Plankosten. Alle fixen Kostenpositionen werden einfach aus dem Plan übernommen.

Soll-Ist-Vergleich Quartalsplanung Mediaagentur

	Plan 1. Quartal	Soll 1. Quartal	Ist 1. Quartal	Abwei- chung	Abw. in
	Werte in 1.000 Euro				%
Umsatz	4.000	4.400	4.400	0,00	0,0
Sprecherhonorare	396	435,6	420	– 15,6	– 3,6
Fremdleistungen	792	871,2	870	– 1,2	– 0,1
Zeitarbeitskräfte	800	880	900	20	2,3
Deckungsbeitrag 1	2.012	2.213,2	2.210	– 3,2	– 0,1
Personalkosten eigener DL	1.069,2	1.176,12	1.350	173,88	14,8
Deckungsbeitrag 2	942,8	1.037,08	860	– 177,08	– 17,1
Personalkosten Verwaltung	112,5	112,5	125	12,5	11,1
Mietkosten	12,5	12,5	12,5	0	0,0
Kfz-Kosten	7,5	7,5	7,5	0	0,0
Reisekosten	12,5	12,5	12,5	0	0,0
Werbekosten	125	125	150	25	20,0
Abschreibungen	7	7	7	0	0,0
Reparatur-/ Instandhaltungskosten	0,5	0,5	0,5	0	0,0
sonstige betriebliche Kosten	12,5	12,5	12,5	0	0,0
Zinskosten	2,5	2,5	2,5	0	0,0
Steuern	20	20	20	0	0,0
Gesamtunternehmens- erfolg	630,3	724,58	510	– 214,58	– 29,6

Soll-Ist Quartal

Aus der Gegenüberstellung von Soll- und Istwerten ergeben sich die folgenden Schlussfolgerungen:

1. Beim Umsatz kann es keine Abweichung zwischen Ist- und Sollwerten geben, weil der Istwert als veränderte Planungsgrundlage übernommen wurde.
2. Beim Plan-Ist-Vergleich wiesen alle drei variablen Positionen eine Steigerung auf. Hier, beim Soll-Ist-Vergleich, erkennen Sie aber, dass
   - die Sprecherhonorare gegenüber dem Soll **gesunken** sind,
   - die Fremdleistungen fast **keine Abweichung** gegenüber dem Soll aufweisen
   - und die Kostenposition Zeitarbeitskräfte gegenüber dem Soll **gestiegen** ist.

Eine Verringerung der Kosten gegenüber dem Sollwert (bei den Sprecherhonoraren) bedeutet, dass die variablen Kosten weniger gestiegen sind, als sie entsprechend dem steigenden Umsatz hätten steigen dürfen (also weniger als 10%). Fast keine Abweichung bei den Fremdleistungen bedeutet: Die Kosten sind ungefähr so weit gestiegen, wie es nach Steigerung des Umsatzes zu erwarten war. Die Steigerung gegenüber dem Soll bei den Zeitarbeitskräften bedeutet, dass die Kosten weiter angestiegen sind als nach der Steigerung des Umsatzes zu erwarten war (mehr als 10%).

Als Erstes sollten Sie sich um den dritten Fall kümmern, die anderen beiden sind vermutlich unproblematisch. Eine Erklärungsmöglichkeit für die mehr als 10%ige Steigerung der Kosten für Zeitarbeitskräfte könnte darin bestehen, dass Sie nicht mehr genügend eigene Personalkapazitäten zur Verfügung hatten, um den gestiegenen Umsatz abzuwickeln. Daher mussten Sie überproportional mehr Zeitarbeitskräfte einsetzen. Es könnte auch sein, dass Ihre Planung nicht exakt genug war, weil Sie einen durchschnittlichen Prozentsatz für die Zeitarbeitskräfte angesetzt haben, obwohl das erste Quartal Ihre Kapazitäten überdurchschnittlich belastet.

Der Soll-Ist-Vergleich für die Personalkosten eigener Dienstleister fällt günstiger aus als der Plan-Ist-Vergleich, da der variable Teil der Kosten mit dem Umsatz steigen darf. Dennoch ergibt sich hier insgesamt eine Steigerung der Kosten gegenüber dem Soll. Deshalb ist auch diese Position näher zu untersuchen.

Die Analyse für die fixen Kosten kommt beim Plan-Ist-Vergleich und beim Soll-Ist-Vergleich zum gleichen Ergebnis, weil Plan- und Sollwerte identisch sind. Überall, wo die Kosten höher liegen als geplant, muss hinterfragt werden, wie diese Erhöhung zustande gekommen ist: Handelt es sich z.B. um Planungsfehler, ist der Planungsverantwortliche heranzuziehen. Beruhen die Abweichungen auf später getroffenen Entscheidungen, die während der Planung nicht vorherzusehen waren (z.B. Neueinstellung von Personal), ist der Entscheider für diese Abweichung verantwortlich.

Alle getroffenen Schlussfolgerungen kehren sich um, wenn sich der Umsatz gegenüber dem Plan verringert hat. In diesem Fall ist zu erwarten, dass alle variablen Kosten im gleichen Verhältnis wie der Umsatz sinken. Die fixen Kosten müssen dagegen – wie gehabt – gleichbleiben. Der Plan-Ist-Vergleich fällt in diesem Fall regelmäßig zu günstig aus, weil Sie gesunkene Kosten feststellen, ohne zu sehen, wie weit die Kosten wegen des geringeren Umsatzes sinken **mussten**. Beim Soll-Ist-Vergleich erkennen Sie die wirklich problematischen Fälle, nämlich die variablen Kostenpositionen, die bei sinkendem Umsatz weniger als proportional sinken.

In diesem Beispiel sind wir von gleichen variablen Kostenanteilen bei allen drei Dienstleistungen ausgegangen. Ist das nicht der Fall, stellt der bei der Ermittlung der Plan- und der Sollwerte verwendete variable Kostenanteil einen Durchschnittswert dar. Dadurch kann es auf Quartals- oder Monatsebene auch zu Soll-Ist-Abweichungen kommen, wenn sich die »Mischung« der angebotenen Dienstleistungen anders verhält, als Sie (durchschnittlich) geplant haben.

Obwohl der **Plan-Ist-Vergleich** alleine nicht genügend Anhaltspunkte für Gegenmaßnahmen liefert, ist er dennoch als Bestandteil Ihres Berichtswesens zu empfehlen. Nur so behalten Sie jederzeit vor Augen, welchen Umsatz, welche Kosten und vor allem welchen Erfolg Sie ursprünglich einmal vorgesehen hatten.

Der **Soll-Ist-Vergleich** gibt Ihnen folglich die notwendigen Zusatzinformationen, um die problematischen Kostenpositionen zu identifizieren und Gegenmaßnahmen an der richtigen Stelle einzuleiten. Der Plan-Ist-Vergleich hilft Ihnen, langfristig Ihre Ziele im Auge zu behalten.

Auch auf Produkt- und Profit-Center-Ebene sowie für Cost und Service Center können Plan-Ist- bzw. Soll-Ist-Vergleiche durchgeführt werden. Es gelten die gleichen Bedingungen wie bei der hier geschilderten Abweichungsanalyse. Planung und Abweichungsanalysen für Produkte und Profit Center sollten ebenfalls im Schema der mehrstufigen Deckungsbeitragsrechnung erfolgen. Näheres dazu finden Sie in Kapitel 8.8.

8.5.3 Der Zeitvergleich (Vorjahresvergleich) und der Betriebsvergleich (Benchmarking)

Zusätzlich zu Plan-Ist- und Soll-Ist-Vergleich ist es hilfreich, Ihre Daten mit dem Vorjahr zu vergleichen, wenn Sie eine kontinuierliche Entwicklung verfolgen. Die Gefahr bei diesem Zeitvergleich ist, dass Sie sich schon mit einer Verbesserung zufriedengeben, ohne Ihre langfristigen, vielleicht anspruchsvolleren Ziele im Auge zu behalten. Eine Verbesserung könnte ja auch bedeuten, dass Sie Ihren Verlust verringert haben. Sie sagt aber noch nichts darüber aus, ob Sie gut im Vergleich zu Ihren Wettbewerbern sind. Dennoch ist es unerlässlich, die Entwicklung Ihres Unternehmens kontinuierlich zu verfolgen, z. B. auch um Hinweise zu erhalten, an welchen Stellen immer wieder die gleichen Fehler passieren.

Die Vorgehensweise für den Zeitvergleich ist einfach: Sie stellen jedem Jahreswert den Vorjahreswert gegenüber bzw. jedem Quartalswert den Wert des gleichen Quartals im Vorjahr (s. folgenden Ausschnitt aus einem Beispielformular).

Zeitvergleich Quartalsplanung Mediaagentur

	1. Quartal Vorjahr	1. Quartal laufendes Jahr	Abw.	Abw. in %
Umsatz				
Sprecherhonorare				
Fremdleistungen				
...				
...				

Wenn Sie nicht nur überprüfen wollen, ob Sie sich gegenüber dem Vorjahr verbessert haben, sondern auch, wie Sie am Markt gegenüber Ihren Konkurrenten positioniert sind, ist der Betriebsvergleich die geeignete Methode. Sie vergleichen die Ergebnisse Ihres Unternehmens mit dem Ihrer Konkurrenten. Vielleicht vergleichen Sie sich auch nur mit dem Besten Ihrer Branche, dem sogenannten »Best in class«, der die »Benchmark« – die Messlatte – für Ihre Branche setzt.

Beim Benchmarking gibt es zwei Dinge zu beachten: Erstens dürfte es grundsätzlich schwierig sein, an die Daten Ihrer Konkurrenten heranzukommen. Vielleicht können Sie aber doch den einen oder anderen davon überzeugen, ein gemeinsames Benchmarking-Projekt durchzuführen. Von diesem Projekt können alle profitieren, wenn Ihr Unternehmen in einigen Bereichen besser ist als Ihr Konkurrent und dieser in anderen Bereichen besser ist als Sie. Diese Idee funktioniert vor allem bei regional klar abgegrenzten Märkten und wenn jeder davon überzeugt ist, dass er von diesem Projekt am meisten profitiert. In einigen Branchen gibt es bereits regelmäßige Betriebsvergleiche, die von Unternehmerverbänden oder in sogenannten »Erfa-Kreisen« (Erfahrungsgruppen von Unternehmen der gleichen Branche) durchgeführt werden und an denen jeder Interessierte teilnehmen kann.

Es gilt zusätzlich zu bedenken, dass Sie durch Benchmarking **innerhalb** Ihrer Branche höchstens so gut werden können, wie der Konkurrent, mit dem Sie sich vergleichen. Sie werden ihn nur schwer übertreffen können, da Sie von ihm nur das lernen, was er bereits umgesetzt hat. Es gibt aber auch die Möglichkeit, Benchmarking über Branchengrenzen hinaus zu betreiben und Unternehmen zu untersuchen, die in einem Teilbereich ähnlich strukturiert sind wie Sie und in diesem Bereich besser sind als Sie. Dann ist auch ein »Quantensprung« über den »Best in class« Ihrer eigenen Branche hinaus möglich. Ein branchenfremdes Unternehmen wird Ihnen außerdem bereitwilliger interne Daten zur Verfügung stellen als ein direkter Konkurrent.

8.6 Wie wird das laufende Jahr am Ende aussehen?

Die Hochrechnung ist genauso wichtig wie die Abweichungsanalyse. Mit der Abweichungsanalyse machen Sie sich bewusst, was in der jüngsten Vergangenheit gut oder schlecht gelaufen ist und ziehen Ihre Schlussfolgerungen für die Zukunft. Ohne eine Hochrechnung fehlt Ihnen aber der Überblick über das gesamte Geschäftsjahr. Deshalb ist es angebracht, in den gleichen Abständen wie bei den Abweichungsanalysen einen »Forecast« durchzuführen.

Eine Hochrechnung setzt sich zusammen aus den Istzahlen der bereits abgelaufenen Monate oder Quartale, ergänzt durch die erwarteten Zahlen für die noch kommenden Monate oder Quartale desselben Geschäftsjahres. Welches sind die erwarteten Zahlen? Im Prinzip sind es durch neue Erkenntnisse korrigierte Planzahlen.

Stellen Sie sich vor, es ist Anfang Juli und Sie wissen inzwischen, dass der Umsatz des zweiten Halbjahres deutlich niedriger ausfallen wird, als Sie es ursprünglich im November des letzten Jahres für diesen Zeitraum geplant hatten. Sie verhalten sich klug, wenn Sie dieses neue Wissen verwenden und nicht einfach mit den alten Planzahlen weiterrechnen.

Sie überprüfen Ihre Planzahlen vor der Hochrechnung noch einmal und passen sie für die Hochrechnung an Ihre neuen Erkenntnisse an. Das heißt nicht, dass Sie Ihre Planzahlen nachträglich manipulieren sollen. Die Planzahlen bleiben als Planzahlen erhalten und werden weiterhin für den Plan-Ist-Vergleich und als Basis für den Soll-Ist-Vergleich verwendet. Für die Hochrechnung sind sie eine Grundlage, auf deren Basis die erwarteten Werte für den Rest des Jahres festgelegt werden, wie Sie im folgenden Beispiel sehen können.

! **Beispiel zur Hochrechnung für die Mediaagentur:**
Sie wollen eine Hochrechnung für das gesamte Jahr erstellen, nachdem Sie das erste Quartal hinter sich haben. Dazu gehen Sie in drei Schritten vor:
1. Sie ermitteln die Planwerte für das zweite bis vierte Quartal. Diese lassen sich leicht errechnen, indem Sie die Planwerte für das erste Quartal vom Gesamtjahresplan abziehen.

2. Auf dieser Grundlage ermitteln Sie die erwarteten Werte für das zweite bis vierte Quartal, indem Sie die Plandaten um die Ihnen inzwischen bekannten Veränderungen korrigieren.

3. Anschließend zählen Sie die Istwerte des ersten Quartals und die erwarteten Werte für das zweite bis vierte Quartal zur Hochrechnung für das Gesamtjahr zusammen.

Zur besseren Übersichtlichkeit werden im Beispiel nur zwei Veränderungen gegenüber dem ursprünglichen Plan für das zweite bis vierte Quartal angenommen: Es ist inzwischen bekannt, dass der Umsatz des zweiten bis vierten Quartals nicht – wie geplant – 6 Mio. Euro betragen wird, sondern nur 5,4 Mio. Euro (10 % weniger). Außerdem ist bekannt, dass im Juli unplanmäßig eine neue Mitarbeiterin im Verwaltungsbereich eingestellt werden soll, sodass sich die Personalkosten in diesem Bereich für das dritte und vierte Quartal zusammen um 25.000 Euro gegenüber dem Plan erhöhen werden.

Entsprechend dem um 10 % verminderten Umsatz werden in der Spalte »Erwartung 2. – 4. Quartal« auch alle variablen Kostenpositionen gegenüber dem Plan um 10 % vermindert. Für die Sprecherhonorare wird z. B. der Planwert von 594.000 Euro auf 534.600 Euro reduziert (594.000 x 0,9). Weicht der Anteil der variablen Kosten am Umsatz in den ersten drei Monaten von dem geplanten Anteil ab, sollte – falls es sich hier um eine dauerhafte Entwicklung handelt – dieser neue Prozentsatz verwendet werden. Nehmen wir an, das sei für die Sprecherhonorare der Fall. Der tatsächliche Anteil der Sprecherhonorare am Umsatz beträgt in den ersten drei Monaten 9,5 % und nicht wie in der Planung 9,9 %. Dann werden Sie den erwarteten Wert für die Sprecherhonorare – bezogen auf die 5,4 Mio. Euro Umsatz anstatt auf 534,6 Tsd. Euro (9,9 % von 5,4 Mio.) auf 513 Tsd. Euro (9,5 % von 5,4 Mio. Euro) festsetzen.

Ermittlung der erwarteten Restjahreswerte Mediaagentur

	Plan 1. Quartal	Jahresplan	Plan 2. – 4. Quartal	Erwartung 2. – 4. Quartal	Hochrechnung
	in 1.000 Euro	in 1.000 Euro	in 1.000 Euro	in 1.000 Euro	
Umsatz	4.000	10.000	6.000	5.400	
Sprecherhonorare	396	990	594	513	
Fremdleistungen	792	1.980	1.188	1.069,2	
Zeitarbeitskräfte	800	2.000	1.200	1.080	

	Plan 1. Quartal	Jahresplan	Plan 2. – 4. Quartal	Erwartung 2. – 4. Quartal
	in 1.000 Euro	in 1.000 Euro	in 1.000 Euro	in 1.000 Euro
Deckungs- beitrag 1	2.012	5.030	3.018	2.737,8
Personalkosten eigener DL	1.069,2	2.673	1.603,8	1.603,8
Deckungs- beitrag 2	942,8	2.357	1.414,2	1.112,4
Personalkosten Verwaltung	112,5	450	337,5	362,5
Mietkosten	12,5	50	37,5	37,5
Kfz-Kosten	7,5	30	22,5	22,5
Reisekosten	12,5	50	37,5	37,5
Werbekosten	125	500	375	375
Abschreibungen	7	28	21	21
Reparatur- /Instand- haltungskosten	0,5	2	1,5	1,5
sonstige betriebliche Kosten	12,5	50	37,5	37,5
Zinskosten	2,5	10	7,5	7,5
Steuern	20	80	60	60
Gesamtunter- nehmenserfolg	630,3	1.107	476,7	149,9

Anschließend zählen Sie die Istdaten für das erste Quartal (aus dem Plan-Ist-Vergleich der Quartalsplanung, s. Kapitel 8.5.1) mit den erwarteten Daten für das zweite bis vierte Quartal zusammen und kommen so zu der folgenden Hochrechnung.

Jahreshochrechnung Mediaagentur

	Ist 1. Quartal	Erwartung 2. – 4. Quartal	Hochrechnung Gesamtjahr	Hoch- rechnung
	in 1.000 Euro	in 1.000 Euro	in 1.000 Euro	
Umsatz	4.400	5.400	9.800	
Sprecherhonorare	420	513	954,60	
Fremdleistungen	870	1.069,20	1.939,20	
Zeitarbeitskräfte	900	1.080	1.980	
variable Kosten	2.190	2.683,80	4.873,80	
Deckungsbeitrag 1	2.210	2.737,80	4.926,20	
Personalkosten eigener DL	1.350	1.603,80	2.953,80	
Deckungsbeitrag 2	860	1.112,40	1.972,40	
Personalkosten Verwaltung	125	362,50	487,50	
Mietkosten	12,50	37,50	50	
Kfz-Kosten	7,50	22,50	30	
Reisekosten	12,50	37,50	50	
Werbekosten	150	375	525	
Abschreibungen	7	21	28	
Reparatur-/Instandhaltungs- kosten	0,50	1,50	2	
sonstige betriebliche Kosten	12,50	37,50	50	
Zinskosten	2,50	7,50	10	
Steuern	20	60	80	
fixe Kosten	350	962,50	1.312,50	
Gesamtunternehmenserfolg	510	149,90	659,90	

Sie sehen, dass der Zeitraum vom zweiten bis vierten Quartal ein schlechteres Ergebnis als geplant erwirtschaften wird, wenn der Umsatz tatsächlich um 10% niedriger liegen sollte als geplant. Hätten Sie einfach nur die Planwerte für den restlichen Teil des Jahres eingesetzt, hätten Sie diese Warnung nicht bekommen, da das Planergebnis für das zweite bis vierte Quartal deutlich höher lag (476.700 Euro).

Insgesamt können Sie nur noch mit einem Erfolg von 659.900 Euro rechnen, anstatt der ursprünglich einmal geplanten 1.107.000 Euro. Daran sehen Sie, dass die ursprünglichen Planwerte als Vergleichsmaßstab nach wie vor eine wichtige Rolle spielen und daher als Planwerte nicht verändert werden sollten.

Einige Unternehmen (darunter auch große) rechnen ihre Monatsergebnisse einfach linear hoch. Das heißt, Sie multiplizieren z. B. das Ergebnis des ersten Quartals mit dem Faktor 4 und erhalten so einen Forecast für das gesamte Geschäftsjahr. Diese Vorgehensweise bietet sich (nur) dann an, wenn Sie einen sehr gleichmäßigen Umsatzverlauf über das Jahr haben und nur wenige saisonale Schwankungen und wenn Sie die Entwicklung des ersten Quartals als repräsentativ für den Rest des Geschäftsjahres ansehen.

Eine aktuelle Entwicklung im Controlling im Bereich der Hochrechnungen stellt der sogenannte Rolling Forecast dar.

8.7 Rolling Forecast

Der Rolling Forecast (Rollierende Hochrechnung) berücksichtigt im Vergleich zum klassischen Forecast regelmäßig größere Prognose-Zeiträume und hilft so, vorausschauender zu handeln. Check-point 8

Beim traditionellen Forecast wird regelmäßig nur bis zum Ende des laufenden Geschäftsjahres hochgerechnet, wie im vorigen Kapitel gezeigt. Im April werden für die Hochrechnung die abgelaufenen Monate Januar bis März mit den erwarteten Werten der noch verbleibenden neun Monate ergänzt. Im November enthält die Hochrechnung dann schon nur noch zwei Monate für die Vorausschau (November und Dezember), obwohl zu diesem Zeitpunkt sicher schon genauere Informationen über den zu erwartenden Verlauf des Folgejahres vorliegen.

Bei der rollierenden Hochrechnung wird im Gegensatz dazu immer eine Schätzung für eine gleichbleibende Zahl von Monaten abgegeben. Wenn z. B. jeden Monat eine Hochrechnung für die nächsten 12 Monate abgegeben wird, erfolgt im April eine Hochrechnung für den Zeitraum von April dieses Jahres bis März des nächsten Jahres – und nicht wie sonst nur von April bis Dezember. Im November bildet der Rolling Forecast die 12 Monate von November dieses Jahres bis Oktober des nächsten Jahres ab. Und so weiter.

Diese Vorgehensweise wirkt sich auch rückwirkend auf den Planungszyklus aus, da zu jedem Zeitpunkt eine detaillierte Planung für die nächsten 12 Monate vorliegen muss. Während also sonst erst im Oktober oder November die detaillierte Planung für das nächste Geschäftsjahr erstellt wird, muss für die rollierende Hochrechnung bereits bei der ersten Hochrechnung – sagen wir im April – eine Planung zumindest bis zum März des nächsten Jahres vorliegen.

Quartalsergebnisse und Geschäftsjahresergebnisse müssen weiterhin in gewohnter Form erfasst werden, da die meisten Budgetvorgaben auf dieser Grundlage getroffen werden sowie das Erreichen von Kosten- und Ergebniszielen auf dieser Basis beurteilt wird.

8.8 Abweichungsanalysen für Cost/Service/ Profit Center, Produkte/Dienstleistungen

Die wichtigsten Bestandteile der Planung mit Abweichungsanalysen und der Hochrechnung haben Sie erfüllt! Wenn Sie den Aufwand nicht scheuen, können Sie zusätzlich spezielle Plan-Ist- bzw. Soll-Ist-Vergleiche für Ihre Produkte und Dienstleistungen sowie für Ihre Cost Center und Profit Center erstellen. Damit finden Sie heraus, welche Ihrer Produkte oder Dienstleistungen und Cost Center bzw. Profit Center sich plangemäß entwickeln und welche nicht. Außerdem erhalten Sie Hinweise für die Ursachenforschung, wenn sich Abweichungen gegenüber Ihrer Planung ergeben. Diese Abweichungsanalysen sind allerdings aufwendig und daher nur ein- bis zweimal im Jahr anzuraten.

Wenn Sie die Jahresplanung so hergeleitet haben, wie es am Anfang von Kapitel 8 gezeigt wurde, nämlich über die Produkte und Dienstleistungen, haben Sie schon die in der folgenden Tabelle dargestellte mehrstufige Plan-Deckungsbeitragsrechnung vorliegen. Diese Tabelle ist lediglich eine verkürzte Darstellung, es werden nur die Summenpositionen ausgewiesen. Wenn Sie die Umsätze in der Jahresplanung nur grob geschätzt haben, d. h. nicht nach Produkten bzw. Dienstleistungen untergliedert, müssen Sie die detaillierte Planung für einen Produkt-Plan-Ist-Vergleich erst noch erstellen (vgl. Jahresumsatz- und -kostenplanung Mediaagentur, in den Kapiteln 8.2 und 8.3).

Plan-Deckungsbeitragsrechnung Mediaagentur

	Radio Euro	Internet Euro	Supermarkt Euro	Gesamt Euro
Umsatz	1.650.000	350.000	8.000.000	10.000.000
Variable Kosten	820.050	173.950	3.976.000	4.970.000
Deckungsbeitrag 1	829.950	176.050	4.024.000	5.030.000
fixe Einzelkosten	594.000	135.000	1.944.000	2.673.000
Deckungsbeitrag 2	235.950	41.050	2.080.000	2.357.000
fixe Unternehmenskosten				1.250.000
Gesamtunternehmenserfolg				1.107.000

Für den Plan-Ist-Vergleich stellen Sie für jedes Produkt und jede Dienstleistung einzeln die jeweiligen Planwerte den Istwerten gegenüber. Die Abweichungsanalyse auf Produktebene wird dabei nur bis zum Deckungsbeitrag 2 durchgeführt. Fixe Kosten, die sich nicht einzelnen Produkten oder Dienstleistungen zurechnen lassen, können auf dieser Ebene nicht kontrolliert werden.

Es ist notwendig, neben dem Plan-Ist-Vergleich einen Soll-Ist-Vergleich durchzuführen, bei dem die Kosten auf der Grundlage eines gegenüber dem Plan veränderten Umsatzes neu geprüft werden.

Für Cost Center und Service Center ist ebenfalls eine spezielle Abweichungsanalyse möglich, wenn Sie eine Wirtschaftlichkeitskontrolle durchführen wollen. Die Planung für ein Cost Center oder Service Center besteht in einem Kostenbudget, das Sie mit dem Center-Leiter vereinbaren. Mit Ihren Profit-Center-Leitern vereinbaren Sie dagegen einen bestimmten Deckungsbeitrag (vgl. auch Kapitel 7.5).

Das Schema für einen Kostenstellen-Plan wurde bereits in Kapitel 4.3 vorgestellt. Es wird in dem folgenden Beispiel noch einmal aufgegriffen. Nach Ablauf eines Monats bzw. Quartals werden die Plan-Ist-Vergleiche und Soll-Ist-Vergleiche durchgeführt. Da Cost Center und Service Center keine externen Umsätze erwirtschaften und so gut wie keine variablen Kosten haben, werden die Kosten auf der Grundlage einer geplanten Leistung der Kostenstelle ermittelt. Die Leistung der Kostenstelle Kalkulation aus Kapitel 4.3 könnte z. B. auf der Basis von Stundenleistungen der Mitarbeiter geplant werden.

Beispiel zur Abweichungsanalyse Service Center: !

Für das Beispiel wurden die Daten der Kalkulationsabteilung aus Kapitel 4.3 übernommen (Tabelle »Beispiel Kostenstelle«). Für die Kalkulationsabteilung war für Januar eine Stundenleistung von 1.000 Stunden geplant. Tatsächlich hat die Abteilung im Januar 1.050 Stunden geleistet. Die Personal- und Sachkosten wurden, wie in der Tabelle zu sehen, geplant und den (fiktiv eingesetzten) Istkosten gegenübergestellt. Dabei wurden Zeilen, die keine Kosten enthielten (Nullzeilen), weggelassen.

Plan-Ist-Vergleich Kalkulationsabteilung

Plan-Ist
CC

Kostenarten	Plan Januar Euro	Ist Januar Euro	Abweichung Euro
geleistete Stundenzahl	1.000	1.050	50
Personalkosten	55.000	56.000	1.000
Mietkosten	2.000	2.000	0
Energiekosten	200	200	0
Kfz-Kosten	450	500	50
Reisekosten	720	800	80
Abschreibungen	2.000	2.000	0
Kosten für Büromaterial, Telefon, Porto etc.	4.300	4.400	100
sonstige betriebliche Kosten	3.700	3.800	100
Summe Sachkosten	13.370	13.700	330
Summe primäre Kosten	68.370	69.700	1.330

Die gesamten Istkosten des Service Centers liegen um 1.330 Euro über den Plankosten. Der Service-Center-Leiter hat sein Budget überschritten. Das ist zunächst einmal negativ zu bewerten. Allerdings muss hier – genauso wie bei der Gesamt-Unternehmensplanung – untersucht werden, wodurch die Erhöhung zustande gekommen ist. Da die Stundenleistung der Abteilung von 1.000 Stunden auf 1.050 Stunden, also um 5% gestiegen ist, muss auch hier ein Soll-Ist-Vergleich erstellt werden.

Da Personalkosten von 55.000 Euro für 1.000 Stunden geplant waren, dürfte bei einer Leistung von 1.050 Stunden der variable Teil der Personalkosten auch um 5% steigen. Wären z.B. von den 55.000 Euro Personalkosten 15.000 Euro variabel (Überstundenvergütungen), hätten die Personalkosten immerhin von 55.000 Euro auf 55.750 Euro steigen dürfen: 55.750 Euro = 40.000 (fix) + 15.000 x 1,05 (variabel). Tatsächlich sind die Personalkosten aber stärker, nämlich auf 56.000 Euro gestiegen. Der Service-Center-Leiter hat schlecht gewirtschaftet, wenn auch nicht so schlecht, wie es nach dem Plan-Ist-Vergleich aussieht.

Die fixen Kosten hätten nicht steigen dürfen. An allen Stellen, an denen das der Fall ist, muss nachgeforscht werden, wie es zu den Erhöhungen gekommen ist und ob der Service-Center-Leiter dafür verantwortlich ist.

Im Gegensatz zum Service Center werden für ein Profit Center nicht nur Kosten geplant, sondern auch externe Umsätze. Dadurch braucht ein Profit Center nicht über Kostenbudgets gesteuert zu werden, sondern es werden Zielvereinbarungen über zu erwirtschaftende Erfolge bzw. Deckungsbeiträge getroffen.

Daher erfolgt die Planung und Abweichungsanalyse analog zu der in den Kapiteln 8.1 und 8.2 dargestellten Planung und Abweichungsanalyse der Mediaagentur.

8.9   Die Mehrjahresplanung

Check-
point 10 Die Mehrjahresplanung sollte immer gleichzeitig mit der Jahresplanung aufgestellt werden. Empfehlenswert ist es, die nächsten drei bis fünf Jahre zu
erfassen. Die Mehrjahresplanung wird auf Jahresbasis erstellt (keine Unterteilung in Monate oder Quartale). Sie wird jedes Jahr rollierend um ein weiteres Jahr ergänzt. Das heißt, Sie warten nicht jeden Dreijahreszeitraum ab,
bevor Sie eine neue Dreijahresplanung erstellen, sondern Sie planen in jedem
Jahr neu für die nächsten drei Jahre. Nur das jeweils direkt folgende Jahr wird
auf Monats- bzw. Quartalsebene geplant. Die Abweichungsanalyse erfolgt
über diese Monats- bzw. Quartalsplanung.

8.10   Der Planungskalender

Mit der folgenden Tabelle erhalten Sie einen Vorschlag für einen Planungskalender auf Monats- oder Quartalsebene. Sollte Ihr Geschäftsjahr nicht mit dem Kalenderjahr übereinstimmen, müssen Sie die Termine entsprechend anpassen. Die Monats- und Quartalsangaben sind alternativ zu sehen, je nachdem, ob Sie sich für eine Planung auf Monats- oder auf Quartalsbasis entscheiden.

Planungskalender

Maßnahme	Termin	
Jahresplanung für Folgejahr auf Monats- oder Quartalsbasis	bis 30. November	Planungs-kalender
Mehrjahresplanung für die nächsten drei bis fünf Jahre auf Jahresbasis	bis 30. November	
Abweichungsanalyse Monatsplanung	bis 15. des Folgemonats	
Abweichungsanalyse Quartalsplanung	bis 30. des ersten Monats im Folgequartal	
Betriebsvergleich (Benchmarking)	einmal im Jahr	
Hochrechnung auf Monatsebene	bis 15. des Folgemonats	
Hochrechnung auf Quartalsebene	bis 30. des ersten Monats im Folgequartal	

Auf den Arbeitshilfen online steht Ihnen unter der Rubrik »Checkliste Planung« zusätzlich eine Checkliste für den Planungskalender zur Verfügung, in die Sie Ihre individuellen Planungstermine eintragen und nachhalten können. Sie ist auf der Grundlage von Quartalsplanungen erstellt, ist aber analog einsetzbar, wenn Sie auf Monatsebene planen.

ARBEITS-HILFE ONLINE

8.11 Alternative Konzepte der Planung: Beyond Budgeting

Jeder Mann und (fast) jede Frau, die einen Führerschein besitzen, halten sich für gute Autofahrer. Was bedeutet es denn, ein guter Autofahrer zu sein? Das heißt unter anderem, dass man in der Lage ist, vorausschauend zu fahren. Wenn Sie mit Tempo 180 auf der Autobahn fahren, reicht es nicht aus, nur die Verkehrsregeln einzuhalten, indem Sie den links von Ihnen etwas langsamer fahrenden Mercedes nicht rechts überholen. Sie müssen auch schon erkennen, dass 500 Meter vor Ihnen eine Auffahrt auf Ihre Spur führt, die besonders kurz ist, weil dort gerade gebaut wird.

Sie sollten also nicht nur auf Ihrer Spur bleiben, sondern sogar Ihre Geschwindigkeit massiv drosseln, um sich entweder hinter dem Mercedes einzuordnen oder den auf die Autobahn auffahrenden Wagen vor sich auf Ihre Spur zu lassen. Sie können sich auch nicht darauf verlassen, dass der auffahrende Wagen komplett abbremst, wenn er keine Lücke sieht, sondern Sie müssen voraussehen, dass er versuchen wird, seine Geschwindigkeit zu halten, um sich sofort in den fließenden Verkehr einzufädeln.

Was hat das mit Beyond Budgeting zu tun? Eine wesentliche Forderung des Beyond Budgeting besteht darin, Managementprozesse vorausschauend zu organisieren, damit jederzeit frühzeitig richtig gehandelt wird und nicht auf der Grundlage kurzsichtiger Einschätzungen.

Von 1998 an entwickelte der BBRT (Beyond Budgeting Round Table) das sogenannte Beyond Budgeting (»Jenseits der Budgetierung«) als neues Managementmodell für die Praxis, nachdem von dort der Ruf nach kürzeren Planungszyklen und weniger komplexen Methoden immer lauter wurde.

Das neue Managementmodell enthält daher die Forderung, die Planungstiefe deutlich zu verringern, Entscheidungsprozesse radikal zu dezentralisieren und jederzeit vorausschauend zu handeln. Wenn zukünftige Entwicklungen jederzeit rechtzeitig antizipiert werden, wird ein institutionalisierter Planungsprozess überflüssig.

Zur Erfüllung der Grundsätze des Beyond Budgeting werden einige schon bekannte und andere neuere Instrumente des Controllings empfohlen, so z.B. die Balanced Scorecard, das Benchmarking und der Rolling Forecast, der bereits in Kapitel 8.7 besprochen wurde.

Zusammenfassung !

Planungsrechnungen und Abweichungsanalysen sind wichtige Maßnahmen, um zu überprüfen, ob sich das Unternehmen zielgemäß entwickelt. Die Vergleichszeiträume müssen kurz genug gewählt werden (Quartal oder Monat), um rechtzeitig reagieren zu können. Der reine Plan-Ist-Vergleich ist als Abweichungsanalyse nicht ausreichend, wenn sich inzwischen die Planungsgrundlage (insbesondere der Umsatz) geändert hat.

Der Soll-Ist-Vergleich stellt daher den Istdaten die Daten gegenüber, die bei der vorliegenden Umsatzänderung zu erwarten gewesen wären. Da sich variable Kosten bei Umsatzänderungen normalerweise ebenfalls verändern, zeigt erst der Soll-Ist-Vergleich die wahren Problembereiche auf. Dennoch ist der Plan-Ist-Vergleich nicht überflüssig, sondern dient als Merkposten für die ursprüngliche Zielsetzung.

Weitere Anhaltspunkte für die Unternehmenssteuerung ergeben Abweichungsanalysen durch Zeitvergleiche (Vorjahresvergleich) und Betriebsvergleiche (Benchmarking). Neben der Jahresplanung auf Monats- oder Quartalsebene wird zusätzlich eine Mehrjahresplanung für die nächsten drei bis fünf Jahre empfohlen.

Checkliste: Planung/Budgetierung

Checkliste Planung Budgetierung

1. Absatz- und Umsatzplanung auf der Grundlage von geplanten Absatzzahlen pro Produkt oder Dienstleistung und geplanten Verkaufspreisen

2. Kostenplanung, getrennt nach variablen Kosten (umsatzabhängig) und fixen Kosten (kapazitätsabhängig)

3. Jahresplanung auf Quartale oder Monate verteilen:
    variable Kosten nach Umsatz verteilen,
    fixe Kosten gleichmäßig pro Quartal/Monat
    (ggf. Personalkosten variabilisieren)

4. Plan-Ist-Vergleich

Checkliste: Planung/Budgetierung

5. Soll-Ist-Vergleich:
    Sollumsatz = Istumsatz,
    variable Sollkosten = prozentuale Veränderung der Planwerte entsprechend der
    Umsatzänderung,
    fixe Sollkosten = fixe Plankosten

6. Zeitvergleich (Vorjahr) und Betriebsvergleich (Benchmarking)

7. Hochrechnung für das Gesamtjahr: bereits vorhandene Istwerte
    + erwartete Werte für den Rest des Jahres

8. Rolling Forecast als vorausschauendes Managementinstrument

9. Spezielle Abweichungsanalysen für Produkte, Dienstleistungen, Cost Center,
    Service Center und Profit Center

10. Mehrjahresplanung für die nächsten drei bis fünf Jahre auf Jahresbasis

11. Alternative Konzepte: Beyond Budgeting

9 Liquidität

9.1 Warum Sie eine Liquiditätsplanung brauchen

Versetzen Sie sich einmal in folgende Lage: Sie haben Ihrer besten Freundin zur Überbrückung eines kurzfristigen finanziellen Engpasses einen nicht unerheblichen Geldbetrag geliehen. Sie haben mit ihr vereinbart, dass sie diesen Kredit bis spätestens Ende Juni zurückzahlt. Im März entdecken Sie durch Zufall Ihren Traumwagen bei einem Gebrauchtwagenhändler. Da der Händler seinen Laden schließen will, würde er Ihnen einen Sonderpreis für den Wagen machen, ein echtes Schnäppchen! Leider kann Ihnen Ihre Freundin das Geld jetzt noch nicht zurückzahlen. Wenn Sie nicht kurzfristig anderweitig etwas »locker machen« können, werden Sie auf Ihr Traumauto vorläufig verzichten müssen. Und das, obwohl Sie das Geld eigentlich haben, wenn auch momentan nur in Form einer Forderung gegen Ihre Freundin.

Ähnlich kann es auch Ihrem Unternehmen ergehen. Unvorhergesehene und ungeplante Ausgaben sind normalerweise nur schwer finanzierbar. Richtig gefährlich kann es sogar werden, wenn Sie die Ein- und Auszahlungen des Unternehmens gar nicht erst planen. Um einen ständigen Überblick über die Zahlungsfähigkeit (Liquidität) Ihres Unternehmens zu haben, reichen die bisherigen Instrumente, wie z.B. die Erfolgsrechnung, nicht aus. Die Erfolgsrechnung zeigt Ihnen zwar, ob Ihr Unternehmen erfolgreich arbeitet. Sie zeigt Ihnen aber nicht, ob bzw. wann Sie den Erfolg auch »cash in der Kasse« haben. Diese Information ist jedoch existenziell. Es nützt Ihnen nichts, wenn Sie laut Ihrer Erfolgsrechnung einen positiven Unternehmenserfolg ausweisen und trotzdem die Gehälter Ihrer Mitarbeiter nicht bezahlen können.

Damit Sie von dieser Situation nicht überrascht werden, ist es notwendig, neben der Erfolgsrechnung ein zusätzliches Rechenwerk aufzubauen, bei dem nicht der Erfolg im Vordergrund steht, sondern die Liquidität (Zahlungsfähigkeit). Sie prüfen, ob Sie von den Einzahlungen, die Sie erhalten, die notwendigen Auszahlungen finanzieren können. Reichen die Einzahlungen nicht **jederzeit** aus, um die Auszahlungen zu finanzieren, sind Sie zahlungsunfähig! Das darf nicht passieren. Das notwendige »Heilmittel« ist die Liquiditätsplanung.

Der Erfolg, den Sie in Ihrer Monats- oder Quartals-Erfolgsrechnung zeigen, ist nicht gleichzusetzen mit flüssigen Mitteln: Erst, wenn Ihre Kunden die Rechnungen bezahlt haben, führt der Umsatz auch zu Einzahlungen. Je nach Zahlungsziel und Zahlungsgewohnheiten Ihrer Kunden kann das Monate dauern. Bei den Kosten ist es umgekehrt: Die Auszahlungen müssen meist schon getätigt werden, **bevor** Sie die Kosten in der Erfolgsrechnung zeigen, weil Sie bereits im Vorfeld Waren und Leistungen eingekauft haben bzw. Ihre Mitarbeiter schon für die Aufträge gearbeitet haben.

Praktisch in jedem Unternehmen sind die Auszahlungen, die im Zusammenhang mit Aufträgen entstehen, vor den Einzahlungen zu leisten. Selbst wenn

Sie – wie z.B. im Baubereich üblich – Teilzahlungen nach Baufortschritt erhalten, finanzieren Sie Teile Ihrer Aufträge grundsätzlich vor, wenn Sie nicht regelmäßig Anzahlungen von Ihren Kunden bekommen. Je größer der Zeitraum ist, über den sich die Abwicklung der Aufträge erstreckt, desto größer ist Ihr Finanzierungsbedarf, ganz zu schweigen von der Finanzierung eines wachsenden Unternehmens. Um langfristig die Existenz Ihres Unternehmens zu sichern, ist es notwendig, dass Sie beide Aspekte berücksichtigen: den Erfolg **und** die Liquidität.

Die Liquiditätsrechnung stellt Einzahlungen und Auszahlungen gegenüber und zeigt Ihnen zu jeder Zeit, ob die Einzahlungen in einem Zeitraum ausreichen, um die Auszahlungen dieses Zeitraums zu finanzieren. Ist das nicht der Fall, müssen Sie einen Kontokorrentkredit bei Ihrer Bank in Anspruch nehmen oder sogar einen langfristigen Kredit aufnehmen. Da es Ihnen nichts mehr nützt, wenn Sie im **Nachhinein** feststellen, dass Ihre Zahlungseingänge im letzten Monat nicht ausgereicht haben, um die Zahlungsverpflichtungen zu erfüllen, ist die Liquiditätsrechnung immer eine Planungsrechnung. Zusätzlich ist der regelmäßige Abgleich mit den tatsächlichen Finanzergebnissen notwendig, um Ihre Planungsgrundlagen von Zeit zu Zeit zu überprüfen und ggf. anzupassen.

9.2 Machen Sie es wie die Großen

In jedem größeren Unternehmen wird neben dem Betriebserfolg auch der Cashflow regelmäßig ermittelt. In vielen Konzernen gibt es sogar eine zentrale Finanzabteilung, die sich ausschließlich um die Liquidität des Unternehmens kümmert. So können finanzielle Mittel z. B. zwischen Tochtergesellschaften zur Verfügung gestellt werden, bevor Bankkredite in Anspruch genommen werden müssen.

Ganz einfach gesagt, ist der Cashflow die Differenz zwischen Einzahlungen und Auszahlungen innerhalb eines Zeitraums. Wenn man den Cashflow auch genau so ermitteln wollte, müsste man neben Gewinn- und Verlustrechnung und Erfolgsrechnung noch ein drittes Rechenwerk aufbauen, die Liquiditätsrechnung. Hier würden dann nicht Erträge und Aufwendungen gegenübergestellt und auch nicht Kosten und Leistungen, sondern Sie müssten sich bei jedem Umsatz-Euro fragen, wann dieser zur Einzahlung kommt und bei jedem Aufwand oder jeder Kostengröße, wann diese zur Auszahlung kommt.

Da eine »exakte« Planung der Liquidität noch viel schwieriger ist als die Planung des Erfolgs, weil jede vorzeitige oder verspätete Einzahlung Ihrer Kunden die ganze Planung durcheinanderbringt, macht man es sich in der Praxis leicht. Man stellt die Ergebnisse aller drei Rechenwerke (Ergebnisrechnung, Gewinn- und Verlustrechnung und Liquiditätsrechnung) in einem gemeinsamen Formular dar. Und das geht so:

Checkpoint 3   Man startet mit dem geplanten Ergebnis der Erfolgsrechnung und leitet daraus das Ergebnis der Gewinn- und Verlustrechnung ab, indem man es um Zusatzkosten, Anderskosten und neutrale Erträge korrigiert (s. Kapitel 2.2). Da Zinsen und Steuern in der Erfolgsrechnung meist kalkulatorisch angesetzt werden und nicht den tatsächlich gezahlten Beträgen entsprechen, lässt man diese praktischerweise gleich aus dem Ergebnis heraus und startet mit dem Ergebnis vor Zinsen und Steuern. Das ist übrigens der sogenannte EBIT (Earnings Before Interest and Taxes), der Ihnen vielleicht schon einmal »über den Weg gelaufen ist«.

Ergebnis der Erfolgsrechnung vor Zinsen und Steuern

+ Zusatzkosten

± Anderskosten

+ neutrales Ergebnis

– Steuern

– Zinsen

= Ergebnis der Gewinn- und Verlustrechnung

Aus diesem Ergebnis ermittelt man dann den Cashflow. Dazu sind einige »Korrekturen« notwendig, weil das Ergebnis der GuV auch nicht zahlungswirksame Größen enthält, die herausgerechnet werden müssen und andere zahlungswirksame Größen, die in der GuV nicht enthalten sind, für den Cashflow dazu gerechnet werden müssen.

Check-point 4

Nicht zahlungswirksame Größen sind z. B. die Abschreibungen. Sie erfassen den wertemäßigen Verbrauch von Anlagegütern und verteilen die Investitionsauszahlungen über die gesamte Nutzungsdauer der Anlagen. Die dazu gehörigen Zahlungsgrößen sind aber die ursprünglichen Investitionsauszahlungen, die wiederum in der GuV fehlen. Weitere nicht zahlungswirksame Größen sind die Erhöhung oder Verminderung von Rückstellungen. Die Ermittlung des Cashflows erfolgt also nach folgendem Schema:

Ergebnis der Gewinn- und Verlustrechnung

+ Abschreibungen

+ Erhöhung von Rückstellungen

– Verminderung von Rückstellungen

– Investitionsauszahlungen

= Cashflow

Das sieht bis jetzt doch ganz einfach aus, oder? Leider gibt es einen kleinen, aber unter Umständen entscheidenden Haken an dieser Vorgehensweise. Da die Umsätze in der GuV und in der Erfolgsrechnung in der Periode erfasst werden, in der ein Auftrag fertiggestellt wird, wird nach dieser indirekten Methode unterstellt, dass die Einzahlung auch zu diesem Zeitpunkt erfolgt. Das ist aber gerade nicht der Fall. Genau deshalb sollte ja eine Liquiditätsrechnung zusätzlich erstellt werden, weil es zeitliche Verschiebungen zwischen Ein- und Auszahlungen gibt, die finanziert werden müssen. Also, was tun?

Checkpoint 5 Es bleibt Ihnen nichts anderes übrig, als auch hier eine »Korrektur« vorzunehmen. Dazu müssen Sie zumindest eine grobe Vorstellung davon haben, wie die Zahlungsgewohnheiten Ihrer Kunden aussehen und natürlich auch Ihre eigenen. Haben Sie ein generelles Zahlungsziel von 30 Tagen mit Ihren Kunden vereinbart? Prima, dann »verschieben« Sie einfach jeden geplanten Umsatz-Euro (aus der GuV bzw. Erfolgsrechnung) für die Liquiditätsplanung um einen Monat. Haben Sie ein Zahlungsziel von 60 Tagen, verschieben Sie die Umsätze um zwei Monate usw. Haben Sie keine Monats- sondern eine Quartalsplanung, dann verschieben Sie bei einem 30-Tage-Zahlungsziel ein Drittel jedes Quartalsumsatzes in das nächste Quartal, bei einem 60-Tage-Zahlungsziel verschieben Sie zwei Drittel usw.

Klingt alles ziemlich plausibel. Entscheidend ist aber letztlich, dass Sie die tatsächlichen Zahlungsgewohnheiten Ihrer Kunden abbilden. Es könnte ja sein, dass diese trotz 30-Tagen-Zahlungsziels regelmäßig erst nach 90 Tagen zahlen. Dann müssen Sie natürlich die 90 Tage einplanen. Im Zweifel wählen Sie den Zeitraum vorsichtshalber etwas länger, denn es geht ja hier um das Abschätzen des Risikos, zahlungsunfähig zu werden.

9.3 Beispielrechnung zur Liquiditätsplanung

Das folgende Beispiel greift auf die Quartalserfolgsplanung aus Kapitel 8.4 zurück und stellt dar, wie die Erfolgsplanung in die Cashflow-Planung übergeleitet wird.

Beispiel für die Überleitung einer Erfolgsplanung in eine Liquiditätsplanung: **!**

Das in der folgenden Tabelle abgebildete Zahlenbeispiel startet mit dem Ergebnis der Quartalserfolgsplanung aus Kapitel 8.4, das hier verkürzt noch einmal dargestellt ist.

Der Gesamtunternehmenserfolg ergab sich nach Abzug von Zinskosten und Steuern. Zur Errechnung des EBIT werden diese beiden Positionen wieder hinzuaddiert, sozusagen »neutralisiert«. Anschließend erfolgt die Überleitung zum Ergebnis der GuV, indem eventuell in der Erfolgsrechnung angesetzte Zusatzkosten wieder addiert werden, Anderskosten korrigiert werden und ein gegebenenfalls vorhandenes neutrales Ergebnis addiert wird. Außerdem werden Zinsen und Steuern in der Höhe angesetzt, in der sie zu zahlen sind. Für das Beispiel wurden für diese drei Positionen fiktive Werte angesetzt.

Checkpoint 2 & 3

Jetzt erfolgt die Überleitung vom Ergebnis der GuV zum Cashflow. Dazu werden die Abschreibungen addiert, eventuelle Erhöhungen oder Verminderungen von Rückstellungen korrigiert und Investitionsauszahlungen abgezogen. Der Saldo ist der Cashflow vor Korrektur, das heißt vor der Berücksichtigung von zeitlichen Verschiebungen zwischen Umsätzen und Einzahlungen oder Kosten und Auszahlungen.

Checkpoint 4

Liquiditätsplanung Mediaagentur

	1. Quartal	2. Quartal	3. Quartal	4. Quartal	Gesamt
	Werte in 1.000 Euro				
Umsatz	4.000	2.500	2.500	1.000	10.000
variable Kosten	1.988	1.242,50	1.242,50	497	4.970
Deckungsbeitrag 1	2.012	1.257,50	1.257,50	503	5.030
Personalkosten eigener DL	769,20	668,25	668,25	567,30	2.673
Deckungsbeitrag 2	1.242,80	589,25	589,25	− 64,3	2.357
Abschreibungen	7	7	7	7	28

Liquiditätsplanung

	1. Quartal	2. Quartal	3. Quartal	4. Quartal	Gesamt
	Werte in 1.000 Euro				
Zinskosten	2,50	2,50	2,50	2,50	10
Steuern	20	20	20	20	80
Übrige fixe Kosten	283	283	283	283	1.132
Gesamtunternehmens-erfolg	930,30	276,75	276,75	– 376,80	1.107
Zinskosten	2,50	2,50	2,50	2,50	10
Steuern	20	20	20	20	80
EBIT	952,80	299,25	299,25	– 354,30	1.197
+ Zusatzkosten	0	0	0	0	0
± Anderskosten	– 50	– 10	30	0	– 30
+ neutrales Ergebnis	– 10	– 50	0	0	– 60
– Zinsen	– 2	– 3	– 2	– 5	– 12
– Steuern	– 20	– 50	– 30	– 30	– 130
Ergebnis der GuV	870,80	186,25	297,25	– 389,30	965
+ Abschreibungen	7	7	7	7	28
± Veränderung Rückst.	0	0	0	0	0
– Investitionen	–50	0	0	0	–50
Cashflow vor Korrektur	827,80	193,25	304,25	– 382,30	943

Vergleichen Sie einmal die Ergebnisse der drei Rechenwerke miteinander: Zwischen dem Ergebnis der Erfolgsrechnung (1.107 Tsd. Euro), und dem Ergebnis der GuV (965 Tsd. Euro) liegen 142 Tsd. Euro, die u. a. durch betriebsfremde, periodenfremde oder außerordentliche Einflüsse zustande kommen, die das rein betriebliche Ergebnis verschlechtern. Die weitere Differenz zum Cashflow in Höhe von 22 Tsd. Euro (965 – 943) resultiert daraus, dass die Abschreibungen insgesamt um 22 Tsd. Euro unter den Investitionen liegen.

Damit sind wir aber noch nicht fertig, denn wir müssen ja noch die zeitliche Verschiebung zwischen Umsätzen und Einzahlungen bzw. Kosten und Auszahlungen berücksichtigen. Der Einfachheit halber unterstellen wir, dass alle Kosten auch gleichzeitig Auszahlungen darstellen, dass aber die Zahlungsgewohnheiten der Kunden ziemlich ungünstig für unser Unternehmen sind, da diese im Durchschnitt erst nach 90 Tagen (also nach einem Quartal) zahlen. Wir verschieben demnach alle Umsätze um ein Quartal nach hinten. Der Umsatz des ersten Quartals kommt im zweiten Quartal zur Einzahlung, der Umsatz des zweiten Quartals wird im dritten Quartal eine Einzahlung usw. Im ersten Quartal muss der Umsatz aus dem letzten Quartal des Vorjahres als Einzahlung berücksichtigt werden, nehmen wir an, das waren 1 Mio. Euro, so wie im letzten Quartal dieses Jahres. Wir beginnen jetzt nicht wieder von ganz oben, sondern vollziehen die zeitlichen Verschiebungen nur als Korrekturen am Cashflow. Das sieht dann so aus.

Checkpoint 5

Korrektur des Cashflows

	1. Quartal	2. Quartal	3. Quartal	4. Quartal	Gesamt
			in 1.000 Euro		
Cashflow vor Korrektur	827,80	193,25	304,25	– 382,30	943
Umsatz	– 4.000	– 2.500	– 2.500	– 1.000	– 10.000
Einzahlungen	1.000	4.000	2.500	2.500	10.000
Cashflow korrigiert	– 2.172,20	1.693,25	304,25	1.117,70	943

Liquiditätsplanung

Das ist doch ein interessantes Ergebnis, oder nicht? Der Cashflow des gesamten Jahres beträgt auch nach der Korrektur 943 Tsd. Euro, aber die Verteilung auf die Quartale hat sich dramatisch verändert. Und das liegt an der sehr unterschiedlichen Verteilung des Umsatzes auf die vier Quartale. Während die Einzahlung für den hohen Umsatz des ersten Quartals erst im zweiten Quartal erwartet wird, können die hohen Auszahlungen des ersten Quartals nicht durch die Einzahlungen aus dem Vorquartal gedeckt werden.

Es besteht also hier ein erhöhter Finanzierungsbedarf, der nicht ohne Weiteres erkannt worden wäre, wenn man sich nur auf das Betriebsergebnis oder das Ergebnis aus der GuV konzentriert hätte. Wenn Sie Vergangenheitswerte betrachten, entspricht die Korrektur der Ein- und der Auszahlungen übrigens den Veränderungen bei den Forderungen und den Verbindlichkeiten. Noch nicht eingezahlte Umsätze wirken sich durch eine Erhöhung der Forderungen aus, noch nicht ausgezahlte Lieferantenrechnungen durch eine Erhöhung der Verbindlichkeiten.

Checkpoint 6

Was sollten Sie aus diesem Zahlenbeispiel mitnehmen? Liquiditätsplanung ist kein kompliziertes Geschäft. Man kann es sich leicht machen, indem man bereits vorhandenes Datenmaterial benutzt. Entscheidend ist, dass man die zeitlichen Verschiebungen zwischen Umsätzen und Einzahlungen bzw. Kosten und Auszahlungen berücksichtigt. Andernfalls ist die Liquiditätsplanung nichts wert.

Wenn Sie eine Quartalsdarstellung für Ihre Liquiditätsplanung gewählt haben, müssen eventuelle Kreditaufnahmen immer für den Anfang des Quartals eingeplant werden, wenn Sie sicher gehen wollen, nicht schon innerhalb des Quartals zahlungsunfähig zu werden. Sie können in dieser Darstellung nicht erkennen, wann genau im Laufe des Quartals der Finanzierungsbedarf auftritt. Eine Monatsdarstellung bietet eine bessere Vorausschau. Außerdem ist zu beachten, dass durch die Aufnahme eines Kredits zusätzlich Zinszahlungen für diesen Kredit zu berücksichtigen sind, die den Finanzierungsbedarf weiter erhöhen. Im Beispiel wurde dieser Aspekt zugunsten der Übersichtlichkeit vernachlässigt.

Wie bei der Erfolgsplanung ist auch bei der Liquiditätsplanung eine regelmäßige Kontrolle notwendig, weil die Auswirkungen einer fehlerhaften Liquiditätsplanung gravierend sind: Sie können zur Zahlungsunfähigkeit des Unternehmens führen. Es empfiehlt sich daher sehr, Ihre Planung jeden Monat bzw. jedes Quartal dahingehend zu überprüfen, inwieweit die zuvor getroffenen Annahmen tatsächlich eingetroffen sind und Ihre weitere Planung ggf. anzupassen.

! **Zusammenfassung**

Wenn Sie sicher gehen wollen, nicht überraschend zahlungsunfähig zu werden, benötigen Sie neben der Erfolgsplanung zusätzlich eine Liquiditätsplanung. Die Erfolgsplanung stellt zwar Umsätze und Kosten gegenüber und ermittelt daraus den Unternehmenserfolg. Dieser sagt aber nichts darüber aus, ob Sie diesen Erfolg auch als Cashflow in der Kasse haben. Umsatz und Kosten werden zu einem anderen Zeitpunkt erfasst, als die zugehörigen Einzahlungen und Auszahlungen stattfinden. Daher genügt die Erfolgsplanung nicht, um zu entscheiden, ob genügend Mittel zur Erfüllung der finanziellen Verpflichtungen des Unternehmens vorhanden sind.

Das Formular für die Erfolgsrechnung kann als Basis für die Liquiditätsplanung benutzt werden. Dann erfolgt eine Überleitung zur Gewinn- und Verlustrechnung, indem »Korrekturen« für Zusatzkosten, Anderskosten und das neutrale Ergebnis vorgenommen werden. Anschließend wird der Cashflow entwickelt, indem nicht zahlungswirksame Positionen (wie Abschreibungen) entfernt und nicht enthaltene zahlungswirksame Positionen (wie Investitionen) ergänzt werden. In einem letzten Schritt werden die zeitlichen Verschiebungen zwischen Umsätzen und Einzahlungen bzw. Kosten und Auszahlungen berücksichtigt.

Ergeben sich im ganzen Jahr nur positive Cashflows, besteht nach menschlichem Ermessen keine Gefahr für das Unternehmen, zahlungsunfähig zu werden. Die flüssigen Mittel können am Kapitalmarkt angelegt werden oder stehen für Investitionen, für Tilgungen oder für Ausschüttungen zur Verfügung. Ergeben sich (auch) negative Cashflows, muss ein Kredit bei der Bank aufgenommen oder ein Kontokorrentkredit in Anspruch genommen werden. Dabei ist immer der gesamte Finanzierungsbedarf des Jahres zu berücksichtigen und nicht nur die einzelnen Cashflows.

Checkliste: Liquidität

Check-
liste
Liquidi-
täts-
planung

1. Erfolgsrechnung als Basis für die Liquiditätsrechnung

2. Ermitteln des EBIT (Earnings Before Interest and Taxes)

3. Überführen des EBIT zum Ergebnis der GuV (Zusatzkosten, Anderskosten, neutrales Ergebnis)

4. Ermitteln des Cashflows vor Korrektur (Hinzufügen zahlungswirksamer Positionen, Entfernen nicht zahlungswirksamer Positionen)

5. Korrektur des Cashflows durch Berücksichtigung zeitlicher Verschiebungen zwischen Umsätzen und Einzahlungen bzw. Kosten und Auszahlungen

6. Bei negativen Cashflows: Berücksichtigung von Krediten

10 Investitionen und Wirtschaftlichkeitsberechnungen

Sind Sie schon einmal mit einem Wohnmobil in den Urlaub gefahren? Vielleicht hat es Ihnen ja sogar so gut gefallen, dass Sie darüber nachgedacht haben, sich ein eigenes zu kaufen. Bisher sind Sie zwar immer mit einem gemieteten Mobil gefahren, zuletzt zu 500 Euro pro Woche. In der Zeitung haben Sie aber ein kleines gebrauchtes gesehen, das nur 10.000 Euro kosten soll. Wenn Sie das Wohnmobil noch fünf Jahre lang nutzen könnten, wären das 2.000 Euro pro Jahr. Das würde ungefähr Ihren Ausgaben entsprechen, wenn Sie jedes Jahr vier Wochen lang ein Wohnmobil mieten.

Anders ausgedrückt: Damit sich der Kauf über die fünf Jahre »lohnt«, müssen Sie jedes Jahr vier Wochen lang mit dem eigenen Wohnmobil in Urlaub fahren.

Ein anderes Beispiel: Beim Kauf eines neuen Druckers ist Ihnen vielleicht schon einmal aufgefallen, dass es nicht nur erhebliche Preisunterschiede zwischen den Geräten gibt, sondern außerdem deutliche Unterschiede zwischen der Ergiebigkeit und den Preisen für die Druckerpatronen. Wenn Sie sich zwischen zwei Geräten entscheiden, sollten Sie nicht nur die Preise der Geräte selbst vergleichen, sondern auch die Folgekosten. In der nächsten Tabelle wurde eine solche Vergleichsrechnung einmal beispielhaft vorgenommen. Dabei wurde vorausgesetzt, dass Sie ca. 4.000 Drucke pro Jahr mit dem neuen Drucker erstellen wollen.

Entscheidung über den Kauf eines Druckers

	Drucker 1	Drucker 2
Anschaffungspreis Drucker	500 Euro	400 Euro
Preis pro Patrone	50 Euro	50 Euro
Ergiebigkeit der Patrone	2.000 Drucke	1.000 Drucke
benötigte Patronen für 4.000 Drucke	2 Stück	4 Stück
Folgekosten für 4.000 Drucke	100 Euro	200 Euro
Ausgaben nach einem Jahr	**600 Euro**	**600 Euro**

Trotz des unterschiedlichen Anschaffungspreises der beiden Geräte, kommen Sie durch die unterschiedlichen Folgekosten nach einem Jahr auf die gleiche Ausgabensumme. Diese beiden Beispiele zeigen nur die Ausgaben, die eine Investition mit sich bringt. Bei Investitionen in einem Unternehmen geht es immer auch um den zusätzlichen Nutzen der Investition, insbesondere dann, wenn es sich um die Investition in eine strategische Maßnahme handelt (z. B. die Eröffnung eines neuen Markts).

10.1 Welche Methode Sie anwenden können

Eine wesentliche Aufgabe des Controllings besteht darin, die Unternehmens- Check-
führung bei der Entscheidung über Investitionsprojekte zu unterstützen. point 1
Das können Entscheidungen darüber sein, ob überhaupt investiert werden
soll (sogenannte »absolute Vorteilhaftigkeit« wie bei dem Wohnmobil), oder
die Entscheidung, in welche von mehreren möglichen Alternativen investiert
werden soll (sogenannte »relative Vorteilhaftigkeit« wie bei dem Drucker).

Es gibt eine Vielzahl von möglichen Investitionsrechnungsverfahren, auf die Check-
hier nicht im Einzelnen eingegangen werden kann. Entscheidend ist, dass point 2
Sie ein Verfahren wählen, bei dem neben der Ausgabenhöhe auch die strategische Ausrichtung des Unternehmens Berücksichtigung findet. So führt
eine topmoderne Holzschneidemaschine für eine Schreinerei, die computer-
gesteuert betrieben wird und CAD-Pläne selbstständig verarbeitet, sicher zu
höheren Ausgaben als eine konventionelle Maschine. Auf der anderen Seite
können aber mit dieser Maschine auch viel mehr und lukrativere Aufträge
abgewickelt werden als vorher. Sie stellen bei Investitionen Einzahlungen
und Auszahlungen gegenüber. Es geht darum, welchen Cashflow eine Investition erwirtschaftet (vgl. auch Kapitel 9.1).

Ein weiterer Unterschied zwischen Investitionsrechnungsverfahren besteht
darin, ob sie die zeitliche Verteilung der Ein- und Auszahlungen berücksichtigen. Die »statischen Verfahren« berücksichtigen – anders als die »dynami-
schen« – die zeitliche Verteilung nicht.

In dem Druckerbeispiel wurden nur die Auszahlungen des ersten Jahres gegenübergestellt, das war eine statische Betrachtungsweise. Im Beispiel mit
dem Wohnmobil hätte dagegen auch der gesamte Fünfjahreszeitraum betrachtet werden können, indem die Auszahlungen bei Kauf eines eigenen
Mobils den bisherigen Mietzahlungen gegenübergestellt worden wären.

Dabei ist eine Auszahlung zu Beginn eines Zeitraums höher zu bewerten
als eine in fünf Jahren. Das Gleiche gilt für Einzahlungen. Es wird wohl zu-
treffen, dass Sie lieber heute 1.000 Euro erhalten würden als in fünf Jahren.
Sie könnten die 1.000 Euro, die Sie heute bekommen, in der Zwischenzeit
anlegen und hätten in fünf Jahren durch die Verzinsung mehr als 1.000 Euro

zur Verfügung. Umgekehrt brauchen Sie heute noch keine vollen 1.000 Euro zurückzulegen, wenn Sie sie erst in fünf Jahren zahlen müssen. Das heißt, die zeitliche Verteilung von Ein- und Auszahlungen ist durch eine entsprechende Ab- oder Aufzinsung zu berücksichtigen.

Ein klassisches Verfahren, das diesen Aspekt berücksichtigt, ist die sogenannte »Kapitalwertmethode«. Die Anwendung der Kapitalwertmethode ist einfach. Man muss aber darauf achten, die richtigen Daten zu verwenden, umso mehr, je länger der betrachtete Zeitraum ist, über den die Investition wirkt.

10.2 Die Kapitalwertmethode

Bei der Kapitalwertmethode wird mit einem Kapitalzinssatz für die Abzinsung von Zahlungen gearbeitet, den Sie selbst festlegen. Er gibt an, welche Verzinsung Sie für das eingesetzte Kapital verlangen und liegt immer über dem Zinssatz, den Sie am Kapitalmarkt bekämen, wenn Sie das Geld dort anlegen würden. Er soll zusätzlich zu der Basisverzinsung bei Anlage in sichere festverzinsliche Wertpapiere das Risiko ausgleichen, das Sie eingehen, indem Sie das Geld in das Geschäft investieren. Daher hängt die Höhe des Zinssatzes auch davon ab, wie hoch Sie das Risiko einschätzen.

Checkpoint 3

Beispiel für die Investition in eine Holzschneidemaschine (Schreinerei):   **!**

Versetzen Sie sich in die Lage des Inhabers oder Geschäftsführers einer mittelgroßen Schreinerei. Sie planen eine Erweiterungsinvestition in eine neue Holzschneidemaschine. Der Anschaffungspreis der Maschine liegt bei 1 Mio. Euro. An Folgekosten erwarten Sie für diese Maschine Instandhaltungskosten in Höhe von ca. 50.000 Euro pro Jahr. Sie gehen davon aus, dass Sie die Maschine fünf Jahre lang nutzen können. Für diesen Zeitraum haben Sie die zusätzlichen Umsätze, die Sie mit der neuen Maschine abwickeln können und die entsprechenden zusätzlichen Kosten für die Abwicklung der Aufträge (Materialkosten, Personalkosten etc.) geplant.

Das Ergebnis dieser Planung zeigt die folgende Tabelle. Umsätze und Kosten sind, anders als bei der Liquiditätsplanung in Kapitel 9, von vornherein rein zahlungsorientiert dargestellt. Abschreibungen werden also z.B. von vornherein gar nicht berücksichtigt. Die Differenz zwischen Ein- und Auszahlungen, also der Cashflow, wird auf den Investitionszeitpunkt (das Jahr vor dem hier abgebildeten ersten Jahr) mit einem Zinssatz von 10% abgezinst (dynamische Rechnung): Der Cashflow des Jahres eins wird durch 1,1 dividiert, der Cashflow des Jahres zwei durch 1,21, der des Jahres drei durch 1,331 usw.

Die Summe der abgezinsten Cashflows abzüglich der Investitionssumme ergibt den Kapitalwert.

Investitionsplanung Schreinerei

Kapital-
wert

	1. Jahr Euro	2. Jahr Euro	3. Jahr Euro	4. Jahr Euro	5. Jahr Euro
Umsatzeinzahlungen	100.000	400.000	600.000	1.200.000	1.800.000
Summe Einzahlungen	**100.000**	**400.000**	**600.000**	**1.200.000**	**1.800.000**
variable Kosten	50.000	200.000	300.000	600.000	900.000
Instandhaltungskosten	50.000	50.000	50.000	50.000	50.000
sonstige fixe Kosten	50.000	50.000	50.000	50.000	150.000
Summe Auszahlungen	**150.000**	**300.000**	**400.000**	**700.000**	**1.100.000**
Cashflow (Cf)	– 50.000	100.000	200.000	500.000	700.000
abgezinster Cashflow	– 45.455	82.645	150.263	341.507	434.645
Summe abgezinster Cfs abzgl. Investitions-summe	–1.045.455	– 962.810	– 812.547	– 471.040	– 36.395

Der Kapitalwert beträgt –36.395 Euro, er ist negativ. Das bedeutet, dass dieses Investitionsprojekt nicht in der Lage ist, Ihnen das eingesetzte Kapital von 1 Mio. Euro mit einer 10%igen Verzinsung zurückzuzahlen.

Check-
point 4

Wenn die Entscheidung über ein Investitionsprojekt auf der Grundlage des Kapitalwerts fällt, lautet die Empfehlung des Controllers wie folgt:

- Bei einem Kapitalwert, der größer oder gleich Null ist, lohnt sich das Investitionsprojekt, weil das Kapital mit der gewünschten Verzinsung zurückgeführt wird.
- Ist der Kapitalwert größer als Null, kommt zu der gewünschten Verzinsung noch ein weiterer Liquiditätszuwachs in Höhe des Kapitalwerts hinzu.
- Liegt der Kapitalwert unter Null, lohnt sich das Projekt nicht, weil es die gewünschte Verzinsung nicht gewährleistet.

Der Zinssatz wird nach der individuellen Risikoeinschätzung variiert. Wenn Sie das Risiko der Investition größer einschätzen, verlangen Sie eine höhere Verzinsung, schätzen Sie es geringer ein, setzen Sie den Zinssatz niedriger an. Wie hoch Sie das Risiko bewerten, hängt davon ab, auf welchem Markt, in welcher Branche und in welchem Land investiert werden soll. Daher müsste der Zinssatz eigentlich für jede Investition gesondert festgelegt werden. In vielen großen Firmen wird dies auch realisiert. Andererseits gibt es mindestens genauso viele Firmen, die pragmatisch vorgehen und immer den gleichen Zinssatz ansetzen.

Wenn Sie den Zinssatz verändern, verändert sich auch die Entscheidung über das Investitionsprojekt. Wird der Zinssatz erhöht, sinkt der Kapitalwert, wird er verringert, steigt der Kapitalwert. Setzen Sie im Beispiel den Zinssatz auf 5 % herunter, erhöht sich der Kapitalwert auf 175.671 Euro. Setzen Sie den Zinssatz auf 20 % herauf, vermindert sich der Kapitalwert auf -334.041 Euro. Die Tabelle »Kapitalwert« auf den Arbeitshilfen online enthält ein Feld für den Zinssatz, in das Sie verschiedene Werte eingeben können. Der Kapitalwert wird dann jeweils automatisch neu berechnet.

ARBEITS-
HILFE
ONLINE

Wenn Sie den Zinssatz in dem Beispiel auf 9 % setzen, liegt der Kapitalwert fast bei Null. Dieser Zinssatz, bei dem der Kapitalwert einer Investition Null ist, wird als »interner Zinsfuß« bezeichnet. Mit dem Investitionsprojekt im Beispiel sind Sie also in der Lage, das eingesetzte Kapital von 1 Mio. Euro mit einer Verzinsung von 9 % zurückzuzahlen.

Bei dem Investitionsprojekt ging es um die Entscheidung, ob die Investition überhaupt getätigt werden soll, also um die »absolute Vorteilhaftigkeit«. Wenn Sie sich zwischen zwei oder mehreren Alternativen entscheiden müssen, geht es um die Entscheidung über die »relative Vorteilhaftigkeit« mehrerer Alternativen. Auch dann können Sie die Kapitalwertmethode einsetzen. Es »gewinnt« das Projekt mit dem höchsten positiven Kapitalwert. Dabei ist dringend darauf zu achten, dass die Alternativen wirklich vergleichbar sind, sowohl was die Laufzeit als auch was die ungefähre Größenordnung der Investitionsausgaben und natürlich was den Zinssatz angeht.

Ein typisches Beispiel für eine Wirtschaftlichkeitsberechnung, bei der zwei Alternativen verglichen werden, stellt die Entscheidung zwischen Leasing und Kauf von Maschinen, Fahrzeugen, Gebäuden o. Ä. dar. Dabei geht es zwar nicht um zwei Investitionen, sondern um die Frage, ob investiert oder geleast werden soll, die Kapitalwertmethode kann dennoch angewendet werden, weil auch das Leasing zu Auszahlungen (und das Leasingobjekt ggf. zu Einzahlungen) führt, aus denen ein Kapitalwert berechnet werden kann. Dieser Kapitalwert wird dann dem der Kaufalternative gegenübergestellt. Führen beide Alternativen nur zu Auszahlungen (wie z.B. bei Kauf oder Leasing von Dienstwagen für Vertriebsmitarbeiter oder auch in dem Wohnmobilbeispiel), sind die Kapitalwerte beide negativ. Folglich wird man sich für die Alternative entscheiden, die den kleineren negativen Kapitalwert hat.

Check-
point 5

Entscheidungen über Investitionen sollten allerdings nie auf der Grundlage eines einzigen Rechenergebnisses getroffen werden. Es sind auch andere Faktoren zu berücksichtigen, die das schlechtere Zahlenergebnis einer Alternative möglicherweise wieder aufheben können. Nehmen Sie die Entscheidung zwischen Kauf und Leasing: Es ist zusätzlich zu bedenken, dass der Kauf der Dienstwagen Ihr Anlagevermögen und damit auch Ihre Bilanzsumme erhöht (sofern er nicht aus der (Porto-)Kasse finanziert wird). Das wiederum vermindert Ihre Eigenkapitalquote usw. Ein weiteres Argument für das Leasing könnte sein, dass die jährlichen Auszahlungen genau feststehen. Bei eigenen Pkws dagegen tragen Sie selbst das Risiko von nicht geplanten Ereignissen wie Unfällen etc.

Wirtschaftlichkeitsberechnungen sind auf jeden Fall eine wichtige Entscheidungsgrundlage für geplante Investitionen. Außerdem können Sie Ihre Entscheidungen im Nachhinein nur prüfen, wenn Sie die Grundlage für diese Entscheidungen sich selbst und anderen transparent machen.

! **Zusammenfassung**

Investitionen binden hohe Kapitalbeträge über einen längeren Zeitraum. Daher ist es notwendig, mit entsprechenden Investitionsrechnungsverfahren eine solide Entscheidungsgrundlage zu schaffen. Bei Investitionen geht es entweder um die Frage nach der absoluten Vorteilhaftigkeit einer Investition (soll die Investition überhaupt getätigt werden) oder um die Frage nach der relativen Vorteilhaftigkeit einer Investition gegenüber einer oder mehreren Alternativen. Dabei sind neben den Auszahlungen für ein Investitionsobjekt auch die möglichen Einzahlungen durch zusätzliche Umsätze etc. zu berücksichtigen.
Die zeitliche Verteilung der Ein- und Auszahlungen ist von großer Bedeutung: Frühere Einzahlungen sind für das Unternehmen mehr wert als spätere. Daher

wird als Investitionsrechnungsverfahren die Kapitalwertmethode empfohlen, die diese Aspekte berücksichtigt. Der dort verwendete Kapitalzinssatz wird nach der individuellen Risikoeinschätzung für das Projekt festgelegt.

Ist der Kapitalwert einer Investition größer oder gleich Null, ist die Investition positiv zu beurteilen, ist er kleiner als Null, ist sie negativ zu bewerten, weil sie die gewünschte Verzinsung nicht gewährleistet. Beim Vergleich von Alternativen »gewinnt« das Projekt mit dem größten positiven Kapitalwert. Keine Entscheidung über ein Investitionsprojekt sollte aber alleine aufgrund dieses Rechenergebnisses getroffen werden. Andere Umstände, die die langfristige Entscheidung beeinflussen, sollten immer mit in das Kalkül einbezogen werden.

Checkliste: Investitionen und Wirtschaftlichkeitsberechnungen

Checkliste Investitionen

1. Anstehende Investitionsprojekte analysieren und absolute oder relative Vorteilhaftigkeit, Wirkungsdauer und gewünschte Verzinsung festlegen

2. Investitionsrechnungsmethode festlegen (Kapitalwertmethode o.a.)

3. Kapitalwertmethode anwenden: Einzahlungen und Auszahlungen über die Wirkungsdauer planen, Cashflows ermitteln, auf den Investitionszeitpunkt abzinsen, abgezinste Cashflows addieren, Investitionssumme abziehen = Kapitalwert

4. Entscheidung:
   Kapitalwert > = 0: Entscheidung für die Investition,
   Kapitalwert < 0: Entscheidung gegen die Investition

5. Berücksichtigung von anderen Umständen, die die Investitionsentscheidung beeinflussen

11 Berichtswesen und Kennzahlen

Hoffentlich haben Sie das noch nie erlebt, aber vielleicht können Sie sich die Situation trotzdem vorstellen: Sie führen seit längerer Zeit eine Wochenendbeziehung. In letzter Zeit gibt es immer häufiger Missverständnisse zwischen Ihnen und Ihrem Partner. Mal hat sich jeder darauf verlassen, dass der andere für das Wochenende einkauft. Ein anderes Mal haben Sie beide eingekauft und müssen die Hälfte entsorgen. An diesem Wochenende ist es aber endgültig zum Streit gekommen, weil Sie Karten für ein Rockkonzert besorgt haben und Ihr Partner behauptet, Sie hätten ihm davon nichts erzählt. Daher hat er bereits eine andere Verabredung getroffen. Sie gehen im Streit auseinander und schweigen sich am nächsten Morgen beim Frühstück an.

In jedem Unternehmen ist die Abstimmung zwischen den dort arbeitenden Menschen genauso notwendig wie in einer Partnerschaft. Es kann zu Missverständnissen und Doppelarbeiten kommen oder Arbeiten werden gar nicht erledigt, wenn keiner den anderen informiert.

Im Unternehmen, genau wie in einer Partnerschaft, können diese fehlenden oder falschen Informationen schwerwiegende Konsequenzen haben. Deshalb ist ein gut strukturiertes Berichtswesen in jedem Unternehmen unverzichtbar. Für die Ausarbeitung und die Pflege des Berichtswesens ist das Controlling zuständig. Alle Mitarbeiter sollten sich als interne Kunden des Controllings verstehen und jederzeit zusätzliche Serviceleistungen des Controllings in Anspruch nehmen dürfen. Wenn diese Kommunikation gut funktioniert, gibt es keine Missverständnisse oder Doppelarbeiten und »Sie können auf der nächsten Party wieder mit Ihrem Partner zusammen erscheinen«.

11.1 So bauen Sie ein Berichtswesen auf

Beim Aufbau eines Berichtswesens ist zu beachten, dass Sie eindeutig Verantwortlichkeiten zuordnen. Das heißt, es muss klar sein, welche(r) Mitarbeiter für die Erstellung und Verteilung der verschiedenen Berichte zuständig ist/sind. Diese Aufgabe muss ernst genommen und zuverlässig, pünktlich und inhaltlich korrekt ausgeführt werden. Die folgende Übersicht zeigt Ihnen einen Vorschlag für die möglichen Inhalte eines Berichtswesens.

Vorschlag für ein Berichtswesen

Kategorie	Berichte	Termine
Unternehmenserfolgs-rechnung	▪ Ist ▪ Plan-Ist-Vergleich ▪ Soll-Ist-Vergleich ▪ Vorjahr-Ist-Vergleich ▪ Hochrechnung	für ein Jahr auf Monats-basis oder quartalsweise
Kostenstellenberichte (Cost/Service Center) und Produkt-/Profit-Center-Erfolgsrechnung	▪ Ist ▪ Plan-Ist-Vergleich ▪ Soll-Ist-Vergleich ▪ Vorjahr-Ist-Vergleich	einmal im Jahr für das Folgejahr
Liquiditätsplanung		für ein Jahr im Voraus, monatlich um einen Monat ergänzen
Investitionsrechnung/Wirtschaftlichkeitsberechnungen		nach Bedarf

Die Formulare zu den vorgeschlagenen Berichten sind in den vorangegangenen Kapiteln bereits erläutert worden und unter den entsprechenden Kapitelbezeichnungen auf den Arbeitshilfen online verfügbar. Sie finden dort zusätzlich alle für Ihr Berichtswesen notwendigen Formulare noch einmal gesammelt unter der Rubrik »Berichtswesen und Kennzahlen«. Die Zahlenwerte in den Tabellen wurden teilweise aus den Beispielen übernommen, damit die Rechenwege nachvollziehbar bleiben und Sie die Tabellen leicht auf Ihre individuelle Situation übertragen können.

11.2 Kennzahlen und Kennzahlensysteme

Jeder Bericht enthält bereits eine Vielzahl von Kennzahlen, die sich – in einen sinnvollen Zusammenhang gebracht – zu einem sehr wirkungsvollen Kennzahlensystem vereinigen können. Weitere Kennzahlen ergeben sich, wenn Sie je zwei Größen in ein sinnvolles Verhältnis zueinander setzen. So ergibt z.B. die Division des Erfolgs durch den Umsatz die sogenannte »Umsatzrendite«. Sie sollten sich auf eine kleine, aber feine Auswahl von Kennzahlen beschränken und regelmäßig überprüfen, ob diese weiterhin geeignet ist, Ihnen die gewünschten Informationen zu liefern.

Im Folgenden sind einige in der Praxis gängige Kennzahlen aufgelistet, die wichtige Anhaltspunkte für die Unternehmenssteuerung liefern können. Welche Kennzahlen Sie für Ihre Unternehmensführung auswählen, hängt ganz von den individuellen Bedingungen in Ihrem Unternehmen ab.

- Umsatzrendite = Erfolg : Umsatz in %
- Deckungsgrad (auf Unternehmens-, auf Produkt- oder auf Profit-Center-Ebene) = Deckungsbeitrag : Umsatz in %
- Break-Even-Umsatz = fixe Kosten : durchschnittlicher Deckungsgrad
- RoI (Return on Investment) = Kapitalrendite = Erfolg : Gesamtkapital in %
- Pro-Kopf-Umsatz = Umsatz : Anzahl Mitarbeiter
- Liquidität ersten Grades = flüssige Mittel am Stichtag : kurzfristige Verbindlichkeiten am Stichtag
- Eigenkapitalquote = Eigenkapital : Gesamtkapital
- Umsatz (oder Deckungsbeitrag) je Fertigungsstunde

Bekannte Kennzahlensysteme aus der Praxis sind z.B. das »DuPont-Kennzahlensystem« und die »Balanced Scorecard«. Auf diese Kennzahlensysteme kann hier nicht näher eingegangen werden. Im Literaturverzeichnis finden Sie aber weiterführende Literatur dazu.

! **Zusammenfassung**

Beim Aufbau eines Berichtswesens ist darauf zu achten, dass die Verantwortung für die Erstellung und Verteilung der verschiedenen Berichte eindeutig bestimmten Mitarbeitern zugeordnet ist. Außerdem sollte es allen Mitarbeitern gestattet sein, Änderungs- oder Ergänzungswünsche vorzubringen. Das Controlling muss sich als Servicefunktion im Unternehmen verstehen und die Mitarbeiter als seine internen Kunden. Das Berichtswesen eines Unternehmens ist dessen notwendiges Handwerkszeug. Ohne Berichtswesen kommt es zu Missverständnissen, Doppelarbeiten und fehlenden Informationen, die schnell auch zu gravierenden Fehlentscheidungen führen können.

12 Das Controlling organisieren

Haben Sie schon einmal eine Wildwasserfahrt mit dem Schlauchboot gemacht? Wenn nicht, müssen Sie das unbedingt ausprobieren. Es ist ein Höllenspaß und dennoch ein relativ gut kontrollierbares Abenteuer. Üblicherweise bestehen die Teams in den Schlauchbooten aus einem erfahrenen Teamleiter und vier bis acht weiteren Personen, die meistens eher unerfahren sind. Bevor es losgeht, werden die Gäste an einer ruhigen Stelle des Wildwassers eingewiesen. Es wird ein kleines Mann-über-Bord-Manöver geübt, man lernt, wie man nach links und nach rechts paddelt und wie man sich in der Mitte des Boots mit hochgestellten Paddeln niederkauert, wenn es in rasender Geschwindigkeit einfach nur noch geradeaus geht. Im englischsprachigen Raum lauten die entsprechenden Befehle des Teamleiters dazu: »Right Paddle!«, »Left Paddle!« und »Paddle, Team, Paddle!«

Im Laufe der Zeit begreift man, dass diese Befehle sehr notwendig sind und dass sie auch befolgt werden sollten. Der Teamleiter kommt nämlich nicht gegen vier Personen an, die in die falsche Richtung steuern, ob nun mit Absicht oder aus Versehen.

Es muss klar sein, wer die Ansage macht. Und es ist wichtig, dass alle dieser Ansage folgen. Doch das funktioniert nur, wenn alle den Teamleiter für kompetent halten und die Konsequenzen für den, der sich nicht an die Ansage hält, ebenfalls klar sind.

Auch ein Unternehmen muss wie ein Team organisiert sein, wenn es gut funktionieren soll. Bezogen auf das Controlling ist es notwendig, deutlich zu machen, welche Kompetenzen es hat, welche Informationen es von anderen benötigt und welche Informationen es an andere weitergibt.

Wie das Controlling in die Gesamtorganisation des Unternehmens eingeordnet wird, hängt von der Größe des Unternehmens ab. Für Einzelunternehmer stellt sich die Frage der Organisation z.B. gar nicht. Sie erledigen »den Job« selbst. In kleinen Unternehmen mit wenigen Mitarbeitern wird die Aufgabe des Controllings wahrscheinlich vom Inhaber/Geschäftsführer selbst ausgeübt. Er delegiert lediglich die Datenbeschaffung und lässt sich vielleicht von seinem Unternehmensberater oder Steuerberater dabei helfen. Oder er liest dieses Buch!

Für größere Unternehmen, in denen eine Person oder eine ganze Abteilung für das Controlling zuständig ist, stellen sich zwei Fragen:
1. Wer soll die Aufgaben des Controllings erfüllen?
2. Welche Kompetenzen soll(en) diese Person(en) haben?

12.1 Was wird vom Controller erwartet?

Häufig wird in Unternehmen zwar der Bedarf für ein Controlling festgestellt. Anstatt einen neuen Mitarbeiter einzustellen, werden aber altgediente Mitarbeiter »zu Controllern gemacht«, weil es sich um eine Vertrauensposition handelt. Die Vorteile einer solchen Entscheidung liegen auf der Hand: Der Mitarbeiter ist bereits im Unternehmen bekannt, genießt eine gewisse Stellung, kennt das Unternehmen und dessen andere Mitarbeiter gut und braucht deshalb in die Gepflogenheiten nicht neu eingewiesen zu werden.

Diese Vorteile können sich aber auch zu Nachteilen verkehren: Stellen Sie sich vor, Sie machen einen »knallharten Einkäufer« zum Controller, der einfühlsam und ausgleichend Sitzungen zwischen Einkauf, Vertrieb, Produktion und anderen moderieren soll. Oder der perfekte Buchhalter, der immer darauf achten musste, dass Ihre Bilanz auf den Cent genau stimmt, soll jetzt auch einmal »Fünfe gerade sein lassen« und »über den dicken Daumen schätzen«. Wahrscheinlich wird ihm das nicht gelingen. Die Tatsache, dass einem altgedienten Mitarbeiter das Unternehmen gut vertraut ist, kann außerdem dazu führen, dass er »betriebsblind« ist und notwendige Änderungen nicht mehr erkennt. Es sollte darauf geachtet werden, dass die Persönlichkeit des Controllers für diesen Beruf geeignet ist und er nicht nur gut mit Zahlen umgehen kann.

In jedem Fall ist es wichtig, dass der Controller eine kommunikative Persönlichkeit ist. Er sollte in der Lage sein, mit allen Mitarbeitern ins Gespräch zu kommen. Er braucht das Vertrauen der Mitarbeiter, um die benötigten Informationen von ihnen zu bekommen. Er muss Sitzungen mit unterschiedlichen Menschen aus unterschiedlichen Bereichen moderieren können. Und er sollte aus jedem Bereich zumindest so viele Kenntnisse mitbringen, dass er versteht, was ihm die Mitarbeiter mitteilen, und dass er die richtigen Fragen stellen kann.

12.2 Das Controlling in die Unternehmensorganisation einbinden

Je größer das Unternehmen ist, desto mehr Mitarbeiter sind alleine für das Controlling zuständig. Es stellt sich die Frage, wie man diese Controlling-Abteilung in die Gesamtorganisation integriert. Dazu gibt es drei Vorschläge, die in den folgenden drei Abbildungen dargestellt sind.

1. Controlling als Stabsstelle

2. Controlling als Linienfunktion

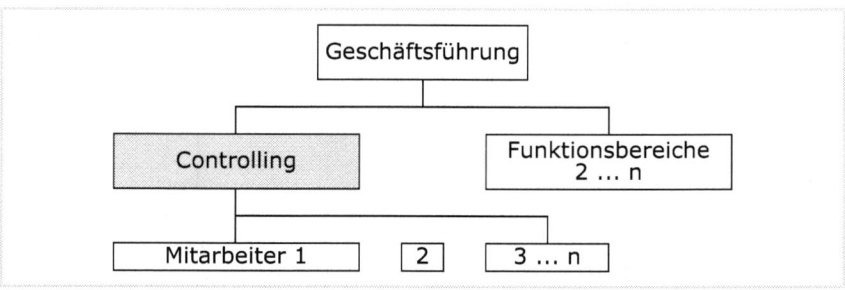

3. Controlling in einer Matrixorganisation

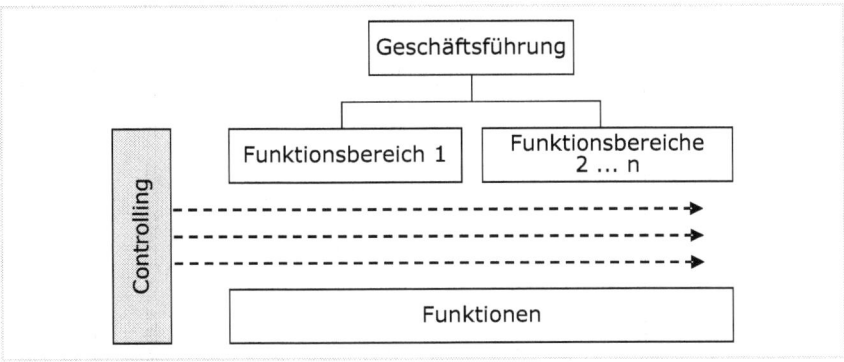

Im ersten Fall ist die hochrangige Zuordnung des Controllings am deutlichsten: Das Controlling bildet eine Stabsstelle und berichtet direkt an die Geschäftsführung. Es hat aber keine Weisungsbefugnis gegenüber den Funktionsbereichen des Unternehmens. Ein Nachteil könnte darin bestehen, dass das Controlling zu weit von den Funktionsbereichen entfernt ist und daher zu wenig von deren Tätigkeiten versteht, um seine Aufgaben ausfüllen zu können.

Im zweiten Fall stellt das Controlling »nur« einen von vielen Funktionsbereichen neben Marketing, Vertrieb, Produktion etc. dar. Ein Vorteil besteht darin, dass es damit nicht – wie im ersten Fall – »zu hoch aufgehängt« ist. Dieser Vorteil kann zugleich ein Nachteil sein, da die Besonderheit der Controlling-Funktion, die funktionsbereichsübergreifend arbeiten soll, nicht berücksichtigt wird.

Die dritte Variante ist dann vorzuziehen, wenn das Unternehmen mehrere klar voneinander getrennte Sparten hat oder nach Projekten organisiert ist. In diesem Fall müssen die Controller auch individuell nach Sparten oder Projekten eingesetzt werden können. Sie brauchen Spezialwissen, das ein zentrales Controlling meist nicht leisten kann. Hier könnten die Controller sogar im selben Raum mit den Projektleitern zusammenarbeiten. Ein Nachteil könnte darin bestehen, dass der einzelne Controller eine Art »Lagerdenken« entwickelt, nur noch die Interessen der eigenen Sparte oder Projekte vertritt und die Gesamtübersicht verliert. Daher ist zusätzlich immer eine zentrale koordinierende Stelle einzurichten.

Bei allen drei Varianten bestimmt das Controlling – in Absprache mit der Geschäftsführung –, welche Daten es von den entsprechenden Stellen wie Buchhaltung, Vertrieb, Produktion etc. benötigt. Die Aufbereitung der Daten erfolgt automatisiert oder manuell durch das Controlling selbst. Auch die Interpretation wird vom Controlling vorgenommen. Die Geschäftsführung wird weitgehend entlastet und bekommt die Ergebnisse, gut lesbar aufbereitet und mit Handlungsempfehlungen versehen, durch das Controlling präsentiert.

Der Einfluss des Controllings in einem Unternehmen kann sehr groß sein. Der oder die Controller tragen eine entsprechend große Verantwortung. Auch wenn sie letztlich keine Ergebnisverantwortung, sondern »nur« die Verantwortung für die Ergebnistransparenz tragen, muss klar sein, dass eine fehlerhafte Darstellung von Daten, die zu einer Fehlentscheidung führt, auch dem Controller angelastet wird – und das zu Recht.

! **Zusammenfassung**

Die Person des Controllers muss vielfältige Kenntnisse und Eigenschaften besitzen, um ihre Aufgabe gut erfüllen zu können. Daher ist auf die Auswahl des oder der Controller(s) viel Zeit zu verwenden.

In mittelgroßen und großen Unternehmen sind ganze Abteilungen für das Controlling zuständig. Wie diese Abteilungen in die gesamte Unternehmensorganisation eingebunden werden, hängt von der bestehenden Organisationsform des Unternehmens ab und von der Vorstellung der Geschäftsführung, welche Rolle das Controlling im Unternehmen haben soll.

In jedem Fall kann das Controlling großen Einfluss auf die Unternehmensführung nehmen, da es die Daten selbst aufbereitet und entsprechende Empfehlungen gibt. Die Verantwortung des Controllers ist daher groß, auch wenn er letztlich keine Ergebnisverantwortung, sondern nur die »Ergebnistransparenz-Verantwortung« trägt.

13 Nachhaltige Unternehmensführung

Wo wir gerade von Verantwortung sprechen: Was glauben Sie, was ein Unternehmer Ihnen sagt, wenn Sie ihn nach seiner Verantwortung fragen? Die möglichen Antworten werden von Gewinnmaximierung über Existenzsicherung bis zu maximalem technischen Fortschritt reichen. Sicher wird auch mal die Antwort »Verantwortung für die Mitarbeiter« oder sogar »gesellschaftliche Verantwortung« vorkommen.

Aber was glauben Sie denn selbst, wofür Unternehmen da sind? Sind sie nicht eigentlich (tatsächlich!) dazu da, um die Bedürfnisse von (uns) Menschen zu befriedigen? Und sind Banken nicht ursprünglich mal dafür da gewesen, Unternehm(ung)en zu unterstützen? »Das Geld ist für die Menschen da.« ist ein Slogan, den sich eine Bank auf die Fahne geschrieben hat, die unter dem Siegel der Nachhaltigkeit wirtschaftet (www.gls.de).

Nachhaltigkeit! Schon wieder dieses Wort, das inzwischen so abgenutzt ist, dass es sogar für Werbespots missbraucht wird, die Mittel für die »nachhaltige Entfernung von Körperhaaren« anpreisen.

Mir geht es hier natürlich nicht darum, lediglich einen schlagkräftigeren Ersatz für das Wort »dauerhaft« zu finden, sondern um viel mehr. Eine erste Vorstellung davon, worum es bei Nachhaltigkeit tatsächlich geht, gibt die »Basis-Definition« des sogenannten Brundtland-Berichts (später dazu mehr), die ins Deutsche übersetzt wie folgt lautet: »Nachhaltige Entwicklung befriedigt die Bedürfnisse der Gegenwart ohne die Möglichkeit zukünftiger Generationen zu gefährden, ihre eigenen Bedürfnisse zu befriedigen.«

Ich glaube nicht, dass ich mit diesem Kapitel die Welt retten kann, aber vielleicht schaffe ich hier und da etwas mehr Bewusstsein für dieses wichtige Thema, das trotz des inflationären verbalen Gebrauchs gerade in Wirtschaftsunternehmen noch nicht die für die Menschheit notwendige Bedeutung bekommt. Immerhin haben die Vereinten Nationen ein Klimaabkommen erarbeitet, das 2016 von 175 Nationen unterschrieben worden ist. Darüber hinaus wurden im September 2015 auf dem Weltgipfel für nachhaltige Entwicklung in New York die 17 »Ziele für nachhaltige Entwicklung« von der Generalversammlung der Vereinten Nationen verabschiedet und in der »Agenda 2030 for Sustainable Development« festgehalten. Diese Ziele sind ohne die Mitarbeit der Wirtschaftsunternehmen nicht umzusetzen.

Und gerade Menschen wie ich, die sich intensiv mit Theorie und Praxis des Wirtschaftens beschäftigen und ihr Wissen und ihre Erfahrungen an Studenten und Praktiker weitergeben, tragen meines Erachtens besondere Verantwortung, auch die Konsequenzen dieses Handelns aufzuzeigen und für eine nachhaltigere Ausrichtung einzustehen.

Ich werde daher versuchen, Ihnen die nach meiner Einschätzung wichtigsten Aspekte einer nachhaltigen Unternehmensführung nahezubringen. Die Checkliste am Ende dieses Kapitels soll Sie dabei unterstützen, Nachhaltigkeit in Ihrem Unternehmen zu einem wichtigen Thema zu machen. Diejenigen, die sich bereits intensiv mit dem Thema befasst haben, können natürlich auch gleich zur Checkliste übergehen. Wenn Ihnen dieses Kapitel nicht genug ist, kann ich Ihnen übrigens mein Buch (»Nachhaltige Unternehmensführung«, ebenfalls im Haufe-Verlag erschienen), wärmstens ans Herz legen[8].

Und wenn Sie sich jetzt fragen, was das mit Controlling zu tun hat: Controlling hat immer mit allem zu tun (in Unternehmen) und Nachhaltigkeit hat auch mit allem zu tun und somit auch mit Controlling. Richtig ist, dass wir den Blick jetzt etwas weiter öffnen als in den vorherigen Kapiteln und über die reinen Controlling-Funktionen hinausgehen, weil sich nachhaltige Unternehmensführung nicht auf eine Teilfunktion des Unternehmens beschränken lässt. Richtig ist aber auch, dass seit Anfang 2017 alle Unternehmen mit mehr als 500 Mitarbeitern dazu verpflichtet sind, einen Nachhaltigkeitsbericht zu veröffentlichen und dass Controller mit dem Prozess der Berichterstellung bestens vertraut sind.

---

8   Ursula Binder: Nachhaltige Unternehmensführung, Freiburg/München/Stuttgart 2013.

13.1 Wann hat das mit der Nachhaltigkeit angefangen?

Hans Carl von Carlowitz, Oberberghauptmann am kursächsischen Hof in Freiberg (Sachsen) hat 1713 in seiner »Sylvicultura oeconomica« in Deutschland zum ersten Mal offiziell das Einhalten nachhaltiger Handlungsweise gefordert. Er verlangte, dass immer nur so viel Holz geschlagen werden sollte, wie durch planmäßige Aufforstung wieder nachwachsen konnte.

Das Prinzip des nachhaltigen Handelns ist aber wohl als Überlebensstrategie und Vereinbarung unter Menschen schon viel älter. In Südamerika gibt es z.B. einen See, dem die Indianer den Namen Manchau gagog changau gagog chaugo gagog amaug gegeben haben, was sinngemäß bedeutet: »Ihr fischt auf eurer Seite, wir fischen auf unserer Seite und keiner fischt in der Mitte.« (vgl. Spindler, S.2). Mit dem Einhalten solcher selbst formulierter Regeln übernimmt jeder Einzelne Verantwortung für den Erhalt der Ressourcen, die das Überleben nachfolgender Generationen gewährleisten.

Entwicklungen unserer Zeit, wie Ölkrisen, Umweltverschmutzung und Klimaerwärmung, zeigen sehr deutlich, dass die Anforderungen an Nachhaltigkeit global und komplex sind. Es gibt nicht nur die Verantwortung jedes Einzelnen, der Ressourcen verbraucht oder zerstört, für die Erhaltung oder Erneuerung dieser Ressourcen in seinem direkten Umfeld zu sorgen, sondern es sind auch globale Auswirkungen, z.B. des Verbrauchs nicht erneuerbarer Energien oder des CO_2-Ausstoßes, zu berücksichtigen.

Das erfordert ein Regelwerk, das weit über die oben als Beispiele genannten lokalen Verabredungen hinausgeht und das genau deshalb sehr schnell an nationale Grenzen oder an Grenzen von Interessengruppen gerät.

Auch wenn es in diesem Buch um Wirtschaftsunternehmen geht, kann man beim Thema Nachhaltigkeit nur schwer von einer abstrakten Verantwortung eines Unternehmens sprechen, da die Entscheidung darüber, Verantwortung für Menschen und Umwelt zu übernehmen, von einzelnen Personen getroffen wird. Und um deren Bewusstsein geht es hier.

13.2 Was man alles unter dem Begriff Nachhaltigkeit versteht

Im Kontext der seit 1972 abgehaltenen internationalen Umweltkonferenzen sowie dem schon erwähnten Brundtland-Bericht (Bericht der World Commission on Environment and Development 1987), der Agenda 21 (Ergebnis der Umweltkonferenz in Rio 1992) und des aktuellen Klimaabkommens sowie der Agenda 2030 (Paris 2015) sind immer präzisere Definitionen für Nachhaltigkeit aus politischer Sicht hervorgegangen. Die grundlegendste und gleichzeitig umfassendste Definition entstammt dem Brundtland-Bericht von 1987: »Nachhaltige Entwicklung befriedigt die Bedürfnisse der Gegenwart ohne die Möglichkeit zukünftiger Generationen zu gefährden, ihre eigenen Bedürfnisse zu befriedigen.« Diese Definition ist aber gleichzeitig zu umfassend, um sie in konkrete Handlungsanweisungen umsetzen zu können.

So hat der Begriff Nachhaltigkeit von wissenschaftlich theoretischer, von politischer, von umweltpolitischer und auch von gesellschaftlicher Seite immer wieder neue Konkretisierungen und damit auch Vereinfachungen erfahren, die fast immer auch zu einer Einseitigkeit führen. So wird von umweltpolitischer Seite der Aspekt der Ökologie stärker betont und die Aspekte Soziales und Ökonomie als zweitrangig betrachtet. Wirtschaftsunternehmen stellen unter Umständen den Existenzerhalt des Unternehmens, die Ökonomie, in den Vordergrund und vernachlässigen dabei das Soziale und die Ökologie. Und sozial orientierte Institutionen sind häufig nicht allein lebensfähig, benötigen Sponsoren, finanzielle Unterstützung von außen, weil der ökonomische Aspekt nicht genügend beachtet wird. Damit haben wir bereits einer der gängigsten Definitionen für Nachhaltigkeit vorgegriffen, nämlich dem sogenannten Drei-Säulen-Modell, das die Aspekte Ökologie, Ökonomie und Soziales als die entscheidenden Säulen für Nachhaltigkeit definiert.

Gleichgültig, in welcher Form die drei Dimensionen der Nachhaltigkeit dargestellt werden, ob als Nachhaltigkeitsdreieck oder als Drei-Säulen-Modell, diese »Drei-Einigkeit« ist international akzeptiert. Die Schwierigkeit besteht aber letztlich nicht in der Definition von Nachhaltigkeit, sondern in der Umsetzung der Modelle, speziell in Wirtschaftsunternehmen.

Greifen wir den Aspekt der Ökonomie heraus, dann entsteht hier ein nicht zu unterschätzendes Spannungsfeld. Während in unseren westlichen Industrie-Gesellschaften immer noch die Forderung nach stetigem Wachstum und Gier vorherrschen, liegt ein Hauptprinzip von Nachhaltigkeit in der Akzeptanz und Einhaltung von Grenzen und gleicher Rechte für alle.

Vergleichen wir soziale Bedingungen von Mitarbeitern von Wirtschaftsunternehmen international, dann stellen wir fest, dass es ganz unterschiedliche Vorstellungen und Realitäten für den Aspekt Soziales gibt. Während es auf der einen Seite Länder gibt, in deren Unternehmen bis heute die Menschenrechte nicht eingehalten werden, geht es in Deutschland und Europa um angemessene Bezahlung, ergonomische Arbeitsbedingungen usw. Einen einheitlichen Katalog aufzustellen, der trotzdem »alle da abholt, wo sie sind«, ist daher nicht ganz einfach. Und dennoch ist es wichtig, auch eine Vision zu formulieren, die alle wichtigen Aspekte überall auf der Welt umgesetzt sieht, wie es die Agenda 2030 mit ihren 17 Nachhaltigkeits-Zielen beinhaltet.

Aber auch eine Agenda 2030 fängt in der Umsetzung mit dem ersten Schritt an. Was ich daher im folgenden Kapitel (und detaillierter in meinem Buch »Nachhaltige Unternehmensführung«) zur Verfügung stelle, ist ein Katalog von Anforderungen für Wirtschaftsunternehmen, die sich aufrichtig auf mehr Nachhaltigkeit ausrichten und nicht nur den gesetzlichen Vorgaben zur Erstellung eines Nachhaltigkeitsberichts nachkommen und/oder ihn zur reinen Imagepflege (»Greenwashing«) nutzen wollen.

13.3 Wie richte ich mein Unternehmen auf Nachhaltigkeit aus?

Es gibt verschiedene weltweit agierende und akzeptierte Institutionen, die sich der Förderung der nachhaltigen Entwicklung verschrieben haben: So hat z.B. der »Global Compact« 10 Prinzipien für nachhaltige Entwicklung aufgestellt, die nach den Kategorien Menschenrechte, Arbeitsnormen, Umweltschutz und Korruptionsbekämpfung gegliedert sind. Andere halten sich an die Inhalte des Drei-Säulen-Modells Ökologie, Ökonomie, Soziales, wie z.B. die GRI (Global Reporting Initiative), die einen umfassenden und regelmäßig aktualisierten Indikatoren-Katalog aufgestellt hat, den inzwischen sehr viele Unternehmen weltweit als Grundlage für ihre Nachhaltigkeitsberichterstattung verwenden. In der Agenda 2030 wurden 17 Ziele definiert, die ebenfalls eine Möglichkeit der Kategorisierung darstellen, an der man sich orientieren kann, wenn man Nachhaltigkeit stärker integrieren möchte.

Ich habe die Kategorien des Global Compact, der GRI und der Agenda 2030 als Querverweise in meine **Checkliste für Nachhaltigkeit** aufgenommen. Die Checkliste selbst ist aber aus dem Blickwinkel des Unternehmens und seiner Funktionsbereiche und seiner Stakeholder gegliedert[9]. Ich finde, dass weder ein Berichtsformat (GRI) noch eine Auflistung von Nachhaltigkeits-Zielen als Vorlage geeignet sind, um herauszufinden, an welcher Stelle im eigenen Unternehmen der größte Handlungsbedarf in Sachen Nachhaltigkeit besteht. Das erste Ziel der Agenda 2030 – keine Armut – lässt sich z.B. meines Erachtens schlechter als Startpunkt für eine Nachhaltigkeitsoffensive verwenden, als wenn man sich z.B. den Punkt »Lieferanten« aus der Checkliste unten herausgreift, weil das Unternehmen mit Lieferanten in sogenannten Billiglohn-Ländern zusammenarbeitet und einem bewusst ist, dass es hier Verbesserungsbedarf im Sinne einer nachhaltigen Unternehmensführung gibt.

Außerdem wird man nicht gleich von der Fülle der möglichen Indikatoren »erschlagen« (die GRI bietet insgesamt rund 80 Indikatoren an, die Agenda 2030 hat 169 Unterziele zu den 17 Nachhaltigkeitszielen definiert) oder von

---

9 Als Grundlage für diese Liste habe ich die typischen Positionen eines Business-Plans für Existenzgründer benutzt, da dort meines Erachtens alle wichtigen Aspekte berücksichtigt sind.

den für eine konkrete Umsetzung zu vagen bzw. nicht konkret genug auf Unternehmen bezogenen Formulierungen abgeschreckt. Die Zuordnung zum Berichtsformat der GRI oder den Nachhaltigkeits-Zielen der Agenda 2030 lässt sich anschließend trotzdem mithilfe der Querverweise in der Checkliste bewerkstelligen.

Ich habe daher die folgenden 14 Kategorien für meine Checkliste für Nachhaltigkeit ausgewählt:

Kategorien für eine Checkliste für Nachhaltigkeit
Gründerpersonen
Produkt/Dienstleistung
Kunden
Konkurrenz
Standort
Preis
Vertrieb
Werbung
Lieferanten/kooperierende Unternehmen
Rechtsform
Organisation
Mitarbeiter
Chancen und Risiken
Finanzierung

Checkliste Kategorien

Zu jeder dieser Kategorien habe ich konkrete Kriterien und Maßnahmen für mehr Nachhaltigkeit formuliert. Die Checkliste erlaubt es daher jedem Unternehmen, seinen individuellen Fortschritt im Sinne der Nachhaltigkeit für sich zu erfassen und zu dokumentieren. Eine Bewertung (Messung von Nachhaltigkeit) ist für viele Kriterien nur qualitativ möglich. Das ist eine echte Herausforderung für einen Controller, der gerne mit Zahlen agiert, die ihm ein

Gefühl von falsch oder richtig, gut oder schlecht vermitteln. Deswegen gar nicht erst den Versuch zu unternehmen, Ziele für Nachhaltigkeit aufzustellen und Zielerreichungsgrade zu messen, ist für mich keine Alternative.

Die Checkliste erhebt keinen Anspruch auf Vollständigkeit. Vielmehr ist sie ein Vorschlag, der individuell verändert und erweitert werden kann. Wie jede Checkliste in diesem Buch stellt auch diese eine Hilfestellung dar, konkret mit einem Thema zu beginnen und es Schritt für Schritt in die Praxis umzusetzen.

Wie schon erwähnt, habe ich – um eine Verbindung zu den Kategorien der anderen akzeptierten Systematiken zu knüpfen – neben jedem Kriterium und jeder Maßnahme drei weitere Spalten hinzugefügt. Sie enthalten die Querverweise zu den Kategorien der GRI (Ökologie/Ökonomie/Soziales), des Global Compact (Menschenrechte (MR)/Arbeitsnormen (AN)/Umweltschutz (US)/Korruptionsbekämpfung (KB)) und der Agenda 2030 (17-Nachhaltigkeits-Ziele[10]). Wer mag, kann sich die Checkliste also auch nach diesen Kategorien umsortieren, um so z. B. die direkte Überleitung in einen Nachhaltigkeitsbericht nach GRI-Standard zu vollziehen.

Die unter den Maßnahmen mit »ja/nein« gekennzeichneten Kriterien sind nach meiner Einschätzung »K.-o.-Kriterien«. Hier geht es nicht um eine schrittweise Annäherung an ein Nachhaltigkeitsziel, sondern um eine zwingende Voraussetzung. Ein Unternehmen, das auch nur bei einem der mit »ja/nein« gekennzeichneten Kriterien »nein« ankreuzen muss, darf sich nach meiner Beurteilung nicht als nachhaltig wirtschaftendes Unternehmen bezeichnen.

---

10 Die Ziele sind: 1. Armut beenden, 2. Hunger beenden, 3. gute Gesundheitsversorgung gewährleisten, 4. hochwertige Bildung gewährleisten, 5. Gleichberechtigung der Geschlechter erreichen, 6. sauberes Wasser und sanitäre Einrichtungen gewährleisten, 7. Zugang zu nachhaltiger Energie sichern, 8. gute Arbeitsplätze und wirtschaftliches Wachstum fördern, 9. belastbare Infrastruktur aufbauen und Innovationen unterstützen, 10. Ungleichheiten verringern, 11. nachhaltige Städte und Gemeinden fördern, 12. für nachhaltige Produktions- und Konsummuster sorgen, 13. Maßnahmen zum Klimaschutz ergreifen, 14. Ozeane erhalten und nachhaltig nutzen, 15. Landökosysteme schützen und ihre nachhaltige Nutzung fördern, 16. Frieden und Gerechtigkeit fördern, 17. globale Partnerschaft für nachhaltige Entwicklung wiederbeleben.

An anderen Stellen ist ein schrittweises Voranschreiten im Sinne der Nachhaltigkeit sicher zulässig, wie z. B. bei der Verringerung des CO_2-Ausstoßes oder der Steigerung der direkten Beteiligung der Mitarbeiter. Daher steht an diesen Stellen in der Spalte Maßnahmen z. B. »steigern« oder »senken«, um die angestrebte Richtung vorzugeben. In welchen Schritten dieser Fortschritt tatsächlich stattfinden soll und welche Zielgrößen verwendet werden, muss jede Unternehmensleitung individuell festlegen.

Es mag ein wenig unbefriedigend sein, dass ich mit wenigen Ausnahmen (wie z. B. beim CO_2-Ausstoß) keine Kenngrößen in die Checkliste geschrieben, geschweige denn, Zielwerte vorgegeben habe. Aber das ist nun einmal das Dilemma des nachhaltigen Handelns (aus Sicht des Controllers), dass es keine einheitlichen Kenngrößen und Zielwerte gibt, weil Nachhaltigkeit auch immer zutiefst persönlich und individuell definiert wird, sofern sie nicht in Form von Gesetzen bereits konkret vorgegeben ist. Daher ist mir bewusst, dass dieses Kapitel auch nur von Menschen gelesen und die Umsetzung in Angriff genommen wird, die sich ernsthaft für nachhaltiges Handeln interessieren und nicht nur nach einer weiteren Marketing-/Image-Aktion suchen.

Checkliste für Nachhaltigkeit

Kriterien	Maßnahmen	3 Säulen/GRI	Global Compact	Agenda 2030	
Gründerpersonen				Alle Ziele	Checkliste Nachhaltigkeit
Integer, loyal, nicht korrupt	ja/nein	Soziales	AN, KB		
dem Prinzip der Nachhaltigkeit ernsthaft verpflichtet	ja/nein	Alle 3 Säulen	Alles		
Fachkompetenz Führungskompetenz	mit Anforderungsprofil abgleichen	Ökonomie Soziales	AN		
Soziale Kompetenz, verbunden mit sozialer Verantwortung	ja/nein	Soziales	AN		

Kriterien	Maßnahmen	3 Säulen/GRI	Global Compact	Agenda 2030
Produkt/Dienstleistung				**12 – 15**
Umweltschädigung bzw. Ressourcen-Verbrauch bei der Produktion oder bei Benutzung des Produkts so gering wie möglich halten, Grenzwerte einhalten	CO_2-Ausstoß, Lärm, Energie-verbrauch, Wasser-verbrauch, Abwasserbelas-tung senken	Ökologie	US	
Technische Entwicklung zur Ressourcenschonung auf dem neuesten Stand halten und auch einsetzen	ja/nein	Ökologie	US	
Geeignete Entsorgung	ja/nein	Ökologie	US	
Recycling nutzen	steigern	Ökologie	US	
Sicherheit garantieren	ja/nein	Soziales	AN	
Nutzung regenerativer Energien	steigern	Ökologie	US	
Ist das Produkt ethisch vertretbar? (Atomenergie, Rüstung ...)	ja/nein	Soziales	AN, MR	
Kunden				**12**
Langfristige Kundenbeziehungen, Kundenbindung	steigern	Soziales Ökonomie	AN	
Transparente Preisgestaltung	steigern	Soziales Ökonomie	AN	
Ehrliche, vollständige Information über Produkt	steigern	Soziales	AN	
Sicherheitsorientiertes Handeln (Rückrufaktionen)	ja/nein	Soziales Ökonomie	AN	
Keine Bestechung	ja/nein	Soziales	KB	

Kriterien	Maßnahmen	3 Säulen/GRI	Global Compact	Agenda 2030
Konkurrenz				**8-10**
Keine Marktverdrängung mit unlauteren Mitteln (z.B. Dumping-Preise)	ja/nein	Soziales Ökonomie	AN, KB	
Keine Wettbewerbs-beschränkungen (Preis-absprachen, Kartelle etc.)	ja/nein	Soziales Ökonomie	AN, KB	
Standort				**1-5, 8, 11**
Kein Ausnutzen von Billiglohnländern und Billig-produktions-Ländern	angemesse-nes Verhältnis zwischen Gewinn und Entlohnung	Soziales Ökonomie	AN, MR	
Keine Aktivitäten in Län-dern, in denen Menschen-rechte nicht eingehalten werden oder unmensch-liche Arbeitsbedingungen herrschen	ja/nein	Soziales	MR	
Transportwege so klein wie möglich	verringern	Ökologie	US	
Preis				
Kein Wucher	Preisvergleich	Soziales Ökonomie	AN	
Kein Ausnutzen von Monopolstellung	Gewinnspanne prüfen	Soziales Ökonomie	AN	
Angemessene Preisgestal-tung, die auch die Unter-nehmensexistenz sichert	realistische Kalkulation	Ökonomie	AN	

Kriterien	Maßnahmen	3 Säulen/GRI	Global Compact	Agenda 2030
Vertrieb				**13-15**
Vertriebswege möglichst umweltschonend (kurze Wege, Schiff, Bahn, LKW)	Entfernung verringern, geeignete Transportmittel aussuchen	Ökologie	US	
»Fair Trade«	ja/nein	Alle 3 Säulen	Alles	
Werbung				**12**
Ehrlichkeit: keine Wirkungen versprechen, die nicht eingehalten werden können	ja/nein	Soziales	AN	
Inhaltsstoffe deklarieren	ja/nein	Soziales	AN	
Keine Bedarfe erzeugen, die tatsächlich gar nicht da sind	Marktforschung	Soziales	AN	
Lieferanten/Kooperierende Unternehmen				**1-5, 10**
Soweit wie möglich auch an Nachhaltigkeit ausgerichtet	alle Maßnahmen und Kategorien wie für das eigene Unternehmen			
Keine schweren Verstöße wie Verletzung der Menschenrechte, Kinderarbeit, unmenschliche Arbeitsbedingungen etc.				
Entfernungen möglichst klein (Transporte) (»kein Krabben puhlen in Marokko«)				
Rechtsform				**10**
Langfristigkeit unterstützend, z.B. nicht unbedingt AG mit Quartalsberichterstattung	Alternativen abwägen	Ökonomie Soziales	AN	
Gewinnorientierung nicht an erster Stelle oder sogar Not-for-Profit, z.B. gGmbH				

Kriterien	Maßnahmen	3 Säulen/GRI	Global Compact	Agenda 2030
Organisation				
Flache Hierarchie	Stufen senken	Soziales	AN	
Direkte Beteiligung der Mitarbeiter	Kommunikation steigern	Soziales	AN	
Klare Arbeitsabläufe und Verantwortlichkeiten	Organigramm	Soziales	AN	
Mitarbeiter				**1-5, 8, 10**
Niedrige Fluktuation	ggf. senken	Soziales	AN	
Gute Arbeitsbedingungen (Ergonomie, Sicherheit)	verbessern	Soziales	AN	
Angemessene Entlohnung	ggf. steigern	Soziales	AN	
Einhaltung angemessener Arbeitszeiten	ja/nein	Soziales	AN	
Gleichstellung von Mann und Frau	ja/nein	Soziales	AN	
Wertschätzung älterer Arbeitnehmer (Erfahrung)	steigern	Soziale	AN	
Integration von Mitarbeitern mit anderem kulturellen Hintergrund	verbessern	Soziales	AN	
Integration von Langzeitarbeitslosen	steigern	Soziales	AN	
Ausbildung, Weiterbildung, Schulung	auf angemessenes Niveau bringen	Soziales	AN	
Beteiligung an Entscheidungen	Betr. Vorschlagswesen, Mitbestimmung	Soziales	AN	
Einsatz entsprechend den Fähigkeiten und Vorlieben	Anforderungsprofile und Förderung	Soziales	AN	

Kriterien	Maßnahmen	3 Säulen/GRI	Global Compact	Agenda 2030
Einhaltung der Menschenrechte	ja/nein	Soziales	HMR	
Keine Kinderarbeit	ja/nein	Soziales	MR, AN	
Keine Diskriminierung	ja/nein	Soziales	MR, AN	
Antikorruption	ja/nein	Soziales	KB	
Angemessene Managergehälter, keine überzogenen Abfindungen	prüfen und ggf. angleichen	Soziales	AN	
Managerqualitäten s. unter Kategorie Gründerpersonen				
Chancen und Risiken				**9**
Risikomanagement	verbessern	Ökonomie	AN	
Chancen erkennen und zur langfristigen Existenzsicherung nutzen	Strategische Führung	Soziales Ökonomie	AN	
Finanzierung				**8, 12**
Existenzsichernd langfristig finanzieren	dauerhafte Investorenbeziehungen	Ökonomie	AN	
Integre private Investoren	ja/nein	Soziales	AN	
Nachhaltig wirtschaftende Banken	ja/nein	Alle 3 Säulen	Alles	
Keine spekulativen Anlagen	ja/nein	Ökonomie	AN	
Investitionen im Sinne der Nachhaltigkeit	ja/nein	Alle 3 Säulen	Alles	
Ausreichende Gewinne, um langfristig zu existieren, aber keine überzogenen Dividenden	seriöse Planung ohne Gier	Ökonomie	AN	
Jederzeit liquide	Finanzplanung	Ökonomie	AN	

Kriterien	Maßnahmen	3 Säulen/GRI	Global Compact	Agenda 2030
Sonstiges				4, 16, 17
Soziales, gesellschaftliches, kulturelles, Bildungs-engagement	steigern	Soziales	AN	

Zusammenfassung ！

Nachhaltigkeit ist ein wichtiges Thema unserer Zeit. Gerade Wirtschaftsunterneh-men haben großen Einfluss darauf, welche Lebensumstände zukünftige Genera-tionen auf diesem Planeten vorfinden werden. Während nachhaltiges Handeln als Verabredung zwischen kleineren Menschengruppen praktisch immer schon existiert hat, haben die globalen Auswirkungen unseres Handelns erst in neuerer Zeit zu einer dramatischen Ausweitung der Bedeutung von Nachhaltigkeit für uns und kommende Generationen geführt.

Als Basis-Definition für Nachhaltigkeit kann man die Formulierung des Brundt-land-Berichts von 1987 ansehen: »Nachhaltige Entwicklung befriedigt die Bedürf-nisse der Gegenwart ohne die Möglichkeit zukünftiger Generationen zu gefähr-den, ihre eigenen Bedürfnisse zu befriedigen.« Eine Vielzahl von Institutionen und Initiativen setzt sich für den globalen Fortschritt im Sinne der Nachhaltigkeit in Wirtschaftsunternehmen ein. Global Compact und GRI stellen sogar konkrete Unterstützung in Form von Leitlinien und Hilfen zur Berichterstattung zur Ver-fügung. Die 17 Nachhaltigkeits-Ziele, auf die sich 175 Nationen im September 2015 in der Agenda 2030 verständigt haben, sind global ausgerichtet und formuliert und sprechen stärker die Regierungen der Nationen an als die Wirtschaftsunter-nehmen. Dennoch sind die Ziele nicht ohne die aktive Beteiligung der Unterneh-men umsetzbar. Hier wird eine Checkliste zur Verfügung gestellt, mit deren Hilfe Schritt für Schritt die Nachhaltigkeit in Unternehmen verbessert werden kann. Für jeden Punkt auf der Checkliste gibt es einen Querverweis zu den entsprechenden Indikatoren der Formate von Global Compact, GRI (drei Säulen) und Agenda 2030 (17 Nachhaltigkeits-Ziele).

Schlusswort

Wenn Sie an diesem Kapitel angelangt sind, haben Sie eine Vorstellung darüber gewonnen, was Controlling ist. Vielleicht haben Sie sich die wesentlichen Grundlagen erarbeitet, um in Ihrem Unternehmen ein Controlling einzuführen oder bestehende Controlling-Instrumente auszubauen.

Ich wünsche mir, dass Sie mit dem Aufbau des »Schnelleinstieg Controlling« gut zurechtgekommen sind. Wie ich schon in der Einleitung angekündigt habe, brauchen Sie das Buch nicht von Anfang bis Ende durchzuarbeiten. Sie können sich immer das Kapitel herausgreifen, das Ihnen im Moment gerade wichtig ist.

Ich würde mich sehr freuen, wenn Ihnen dieses Buch gute Dienste geleistet hat und weiterhin leisten wird. Für Anregungen sind der Verlag und ich immer dankbar. Da ich an der TH Köln fast ausschließlich praktische Bachelor- und Masterarbeiten betreue, die für Unternehmen konkrete praktische Aufgaben lösen, lade ich Sie ein, sich bei mir zu melden (ursula.binder@th-koeln.de), falls Sie Interesse an einer solchen Aufgabenlösung haben (die für Sie kostenlos ist).

Ich wünsche Ihnen weiterhin viel Erfolg bei der Umsetzung!

Literaturverzeichnis

Binder, U.: Die 5 wichtigsten Steuerungsinstrumente für kleine Unternehmen, Freiburg 2017.

Binder, U.: Nachhaltige Unternehmensführung. Radikale Strategien für intelligentes, zukunftsfähiges Wirtschaften, Planegg 2013.

Friedag, H. R./Schmidt, W.: My Balanced Scorecard, 4. Auflage, Planegg 2014.

Hanken, J./Kleinhietpaß, G./Lagarden, M.: Verrechnungspreise. Praxisleitfaden für Controller und Steuerexperten, 2. Auflage, Planegg 2017.

Horváth & Partners: Das Controllingkonzept. Der Weg zu einem wirkungsvollen Controllingsystem, 8. Auflage, München 2016.

Klett, C./Pivernetz, M.: Controlling in kleinen und mittleren Unternehmen. Ein Handbuch mit Auswertungen auf der Basis der Finanzbuchhaltung, 5. Auflage, Herne/Berlin 2013.

Preißler, P. R.: Controlling. Lehrbuch und Intensivkurs, 14. Auflage, München 2014.

Preißner, A.: Praxiswissen Controlling. Grundlagen, Werkzeuge, Anwendungen, 6. Auflage, München 2010.

Reichmann, T.: Controlling mit Kennzahlen: Die systemgestützte Controlling-Konzeption mit, 9. Auflage, München 2017.

Schmidt, A.: Kostenrechnung. Grundlagen der Vollkosten-, Deckungsbeitrags- und Plankostenrechnung sowie des Kostenmanagements, 7. Auflage, Stuttgart 2014.

Schroeter, B.: Operatives Controlling. Aufgaben, Objekte, Instrumente, Wiesbaden 2002.

Spindler, E. A.: Geschichte der Nachhaltigkeit. Vom Werden und Wirken eines beliebten Begriffes, http://www.nachhaltigkeit.info/media/1326279587phpeJPyvC.pdf

Stichwortverzeichnis

HAUFE.

Ihr Feedback ist uns wichtig!
Bitte nehmen Sie sich eine Minute Zeit

www.haufe.de/feedback-buch

Exklusiv für Buchkäufer!

Ihre Arbeitshilfen zum Download:

▶ http://mybook.haufe.de/

▶ **Buchcode:** ENR-7342